图3-37 应用"模糊工具"后的效果　　　　　图3-38 锐化前后对比

图3-41 原图与减淡后的对比效果

图3-42 原图与加深后的对比效果

图3-43 原图与应用降低饱和度后的对比

图3-59 填充颜色后

图3-67 图像上色效果

图4-9 图像调暗、调亮后与原图比较

图4-11 原图与图像调亮后的对比效果

图4-12 原图与图像增加对比度的对比效果

图4-19 原图与调整后效果对比

图4-30 【照片滤镜】的浓度分别为25%与100%效果对比

图4-51 原图效果　　　　　　　图4-52 最终效果　　　　　　　图4-59　最终效果

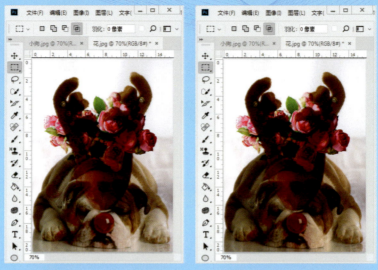

图8-24 勾选【蒙版】复选框前后的效果对比

图10-12 磨皮与上妆效果

图10-42 案例展示

入门·进阶·提高

Photoshop CC
图像处理入门、进阶与提高

韩少云 主编
刘涛 段惠勇 编著

电子工业出版社
Publishing House of Electronics Industry
北京·BEIJING

内 容 简 介

本书从图像处理的实际应用出发，由浅入深地介绍了Photoshop CC的使用方法及图形图像处理的一些常用技巧。通过本书的学习，读者可以掌握Photoshop CC在图像处理、平面设计、室内外设计和网页制作等领域的大量应用技能。

本书涵盖Photoshop CC的基础知识、基本使用和综合运用，巧妙地通过入门、进阶和提高3个模块化内容，帮助读者快速学习Photoshop CC的众多应用知识和实用技巧，并熟悉如何运用平面绘图软件进行各类平面设计。

本书内容实用，创意设计效果精美，图文并茂，不但适合Photoshop图像处理的初学者学习，同样适合作为承担国家技能型紧缺人才培养培训工程的高等职业院校和示范性软件职业技术学院的教材，也可作为高等院校、大专院校、成人教育等相关专业的教材或参考书。

未经许可，不得以任何方式复制或抄袭本书之部分或全部内容。
版权所有，侵权必究。

图书在版编目（CIP）数据

Photoshop CC图像处理入门、进阶与提高 / 韩少云主编；刘涛，段惠勇编著．—北京：电子工业出版社，2018.4
（入门·进阶·提高）
ISBN 978-7-121-33749-9

Ⅰ．①P… Ⅱ．①韩… ②刘… ③段… Ⅲ．①图象处理软件 Ⅳ．①TP391.413

中国版本图书馆CIP数据核字（2018）第036182号

策划编辑：牛　勇
责任编辑：徐津平
印　　刷：北京盛通商印快线网络科技有限公司
装　　订：北京盛通商印快线网络科技有限公司
出版发行：电子工业出版社
　　　　　北京市海淀区万寿路173信箱　　邮编：100036
开　　本：787×1092　1/16　印张：20　字数：499千字　彩插：2
版　　次：2018年4月第1版
印　　次：2020年4月第2次印刷
定　　价：63.00元

凡所购买电子工业出版社图书有缺损问题，请向购买书店调换。若书店售缺，请与本社发行部联系，联系及邮购电话：（010）88254888，88258888。
质量投诉请发邮件至zlts@phei.com.cn，盗版侵权举报请发邮件至dbqq@phei.com.cn。
本书咨询联系方式：010-51260888-819，faq@phei.com.cn。

前　言

每位读者都希望找到适合自己阅读的图书，通过学习掌握软件功能，提高实战应用水平。本着一切从读者需要出发的理念，我们精心编写了"入门·进阶·提高"丛书，通过"学习基础知识""精讲典型实例"和"自己动手练"这三个过程，让读者循序渐进地掌握各软件的功能和使用技巧。

本套丛书的结构特点

"入门·进阶·提高"系列丛书立意新颖、构意独特，通过通俗易懂的语言和丰富实用的案例，向读者介绍各软件的使用方法与技巧。本系列丛书在编写时，绝大部分章节按照"入门""进阶""提高"和"答疑与技巧"的结构来组织、安排学习内容。

入门——基本概念与基本操作

快速了解软件的基础知识。这部分内容对软件的基本知识、概念、工具或行业知识进行了介绍与讲解，使读者可以很快地熟悉并能掌握软件的基本操作。

进阶——典型实例

通过学习实例达到深入了解各软件功能的目的。本部分精心安排了一个或几个典型实例，详细剖析实例的制作方法，带领读者一步一步进行操作，通过学习实例引导读者在短时间内提高对软件的驾驭能力。

提高——自己动手练

通过自己动手的方式达到提高的目的。精心安排的动手实例，给出了实例效果与制作步骤提示，让读者自己动手练习，以进一步提高软件的应用水平，巩固所学知识。

答疑与技巧

选择了读者经常遇到的各种疑问进行讲解，不仅能够帮助解决学习过程中的疑难问题，及时巩固所学的知识，还可以使读者掌握相关的操作技巧。

本套丛书的内容特点

作为一套定位于"入门""进阶"和"提高"的丛书，它的最大特点就是结构合理、实例丰富，有助于读者快速入门，提高在实际工作中的应用能力。

结构合理、步骤详尽

本套丛书采用入门、进阶、提高的结构模式，由浅入深地介绍了软件的基本概念与基本操作，详细剖析了实例的制作方法和设计思路，帮助读者快速提高对软件的操作能力。

快速入门、重在提高

每章先对软件的基本概念和基本操作进行讲解，并渗透相关的设计理念，使读者可以快速入门。接下来安排的典型实例，可以在巩固所学知识的同时，提高读者的软件操作能力。

图解为主、效果精美

图书的关键步骤均给出了清晰的图片，对于很多效果图还给出了相关的说明文字，细微之处彰显精彩。每一个实例都包含了作者多年的实践经验,只要动手进行练习,很快就能掌握相关软件的操作方法和技巧。

举一反三、轻松掌握

本书中的实例都是在大量工作实践中挑选的,均具有一定的代表性,读者在按照实例进行操作时,不仅能轻松掌握操作方法,还可以做到举一反三,在实际工作和生活中实现应用。

本书的主要内容

第1章:介绍Photoshop的基础知识及特色功能的操作。
第2章:基本工具的操作,选区绘制及编辑并以案例操作。
第3章:图像的修饰与处理,通过实例认识图像美化操作。
第4章:色彩知识与色彩调整。
第5章:图层的操作,了解图层在Photoshop CC中的重要性,通过案例更好地了解图层的操作技巧。
第6章:介绍Photoshop CC中路径的绘制及修改方法。
第7章:文字在设计说明中起到很重要的作用,我们一起来认识一下。
第8章:了解通道的操作技巧并介绍选区和通道的基本概念。
第9章:介绍了Photoshop CC中滤镜的使用方法。
第10章:通过综合案例学习使用Photoshop CS6处理数码照片时的应用。
第11章:学习Photoshop CC在平面设计中的应用与技巧。
第12章:学习Photoshop CC在网页设计中的应用与技巧。
第13章:学习Photoshop CC在建筑后期处理中的应用与技巧。

本书的作者

感谢电子工业出版社的策划编辑牛勇以及其他参与本书出版过程的工作人员!因为你们的热心帮助,使得这本书从写成到出版一气呵成!

感谢经典论坛(http://bbs.blueidea.com/)和站酷网(http://www.zcool.com.cn/)的各位网友,如果没有你们的热情参与,就没有这本书的面世!

感谢达内IT培训集团CEO韩少云及集团教研部副总裁李翊的关心与支持!

本书由韩少云主编,刘涛、段惠勇编著,参加图书编写工作的还有:崔庆江、张贤、吴统瑞、段炼、张淼、刘顺、刘娜、钟洋、刘杨、胡琪、郝志祥、程梦林。由于作者水平有限,书中疏漏和不足之处在所难免,恳请广大读者及专家不吝赐教。

 提示   本书主要从Photoshop CC 2018为例进行讲解,内容同样适合Photoshop CS3至CS6等版本,操作方法基本一样,仅有少量选项或按钮名称、位置有区别。书中部分案例为CS5环境下制作,操作方法与在CS6环境下完全一样。

作者联系方式:
E-mail:froglt@163.com
网站:www.go2here.net.cn
读者QQ群:113411848

图书配套资源文件及赠送教学视频文件下载地址:www.broadview.com.cn/33749。

目　　录

第1章　Photoshop CC 2018基础 1
  1.1　入门——基本概念与基本操作 2
    1.1.1　Photoshop简介 2
    1.1.2　Photoshop CC 2018的工作界面 3
    1.1.3　Photoshop CC 2018的基本操作 6
    1.1.4　图像的查看 8
    1.1.5　使用辅助工具 10
  1.2　进阶——Photoshop CC 2018的功能 13
    1.2.1　内容识别填充 13
    1.2.2　操控变形 15
    1.2.3　镜头校正 19
    1.2.4　混合器画笔 22
    1.2.5　选择并遮住 25
  1.3　提高——图像尺寸的调整 29
    1.3.1　调整图像大小 29
    1.3.2　调整画布大小 29
    1.3.3　调整图像方向 32

第2章　选区的创建与编辑 34
  2.1　入门——基本概念与基本操作 35
    2.1.1　创建选区 35
    2.1.2　修改选区 43
    2.1.3　编辑选区 49
  2.2　进阶——简单图像效果制作 55
  2.3　提高——制作空间的相册封面 57
  2.4　答疑与技巧 62

第3章　图像的修饰与处理 63
  3.1　入门——基本概念与基本操作 64
    3.1.1　绘制图像 64
    3.1.2　图像编辑 73
  3.2　进阶——典型实例 75
    3.2.1　门票绘制 75
    3.2.2　只要青春不要痘 80
  3.3　提高——给人像照片"染发" 82
  3.4　答疑与技巧 83

第4章 色彩与色调调整 85

4.1 入门——基本概念与基本操作 86
- 4.1.1 颜色的基础知识 86
- 4.1.2 认识【直方图】面板 87
- 4.1.3 图像色调调整 88

4.2 进阶——制作复古照片 102
4.3 提高——制作冷色照片 105
4.4 答疑与技巧 109

第5章 图层的应用 110

5.1 入门——基本概念与基本操作 111
- 5.1.1 图层的基础知识 111
- 5.1.2 不同类型的图层创建 112
- 5.1.3 图层的基本操作 117
- 5.1.4 图层的高级应用 123

5.2 进阶——制作海报 136
5.3 提高——修改太阳镜反射的景象 139
5.4 答疑与技巧 142

第6章 路径的应用 143

6.1 入门——基本概念与基本操作 144
- 6.1.1 路径的基础知识 144
- 6.1.2 认识【路径】面板 144
- 6.1.3 "钢笔工具"的工具选项栏 145
- 6.1.4 路径的绘制与编辑 147
- 6.1.5 【路径】面板的基本操作 153
- 6.1.6 路径的高级应用 154

6.2 进阶——绘制宣传画 156
6.3 提高——制作酷炫图画 159
6.4 答疑与技巧 163

第7章 文字的应用 164

7.1 入门——基本概念与基本操作 165
- 7.1.1 文字工具组 165
- 7.1.2 文字工具的工具选项栏 165
- 7.1.3 认识文字图层 165
- 7.1.4 创建文字 166
- 7.1.5 设置文本格式 167
- 7.1.6 文字进阶操作 170

7.2 进阶——制作艺术字 173
7.3 提高——制作带有雪花效果的艺术字 174
7.4 答疑与技巧 178

第8章	通道的应用	179
8.1	入门——基本概念与基本操作	180
	8.1.1 通道的类型	180
	8.1.2 通道的基本操作	181
	8.1.3 通道的高级应用技巧	185
8.2	进阶——使用通道抠图	189
8.3	提高——制作中性色照片	191
8.4	答疑与技巧	193

第9章	滤镜的应用	194
9.1	入门——基本概念与基本操作	195
	9.1.1 通过【滤镜】菜单应用滤镜	195
	9.1.2 通过滤镜库应用滤镜	196
	9.1.3 添加智能滤镜	196
	9.1.4 滤镜效果参考	197
9.2	进阶——滤镜的使用与技巧	201
9.3	提高——自己动手练	203
	9.3.1 制作动感效果	203
	9.3.2 制作水中倒影	206
9.4	答疑与技巧	208

第10章	综合实例：数码照片处理	209
10.1	婚纱照片抠图	210
	10.1.1 案例展示	210
	10.1.2 思路分析	210
	10.1.3 实现步骤	210
10.2	人像照片的磨皮与上妆	215
	10.2.1 案例展示	216
	10.2.2 思路分析	216
	10.2.3 实现步骤	216
10.3	摄影作品合成	222
	10.3.1 案例展示	222
	10.3.2 思路分析	223
	10.3.3 实现步骤	223
10.4	水墨艺术效果处理	227
	10.4.1 案例展示	227
	10.4.2 思路分析	227
	10.4.3 实现步骤	227

第11章	综合实例：平面设计	239
11.1	专业海报设计	240
	11.1.1 案例展示	240
	11.1.2 思路分析	240
	11.1.3 实现步骤	240

11.2 贺卡设计 246
 11.2.1 案例展示 247
 11.2.2 思路分析 247
 11.2.3 实现步骤 247
11.3 包装设计 254
 11.3.1 案例展示 254
 11.3.2 思路分析 254
 11.3.3 实现步骤 255
11.4 杂志广告设计 263
 11.4.1 案例展示 263
 11.4.2 思路分析 264
 11.4.3 实现步骤 264

第12章 综合实例：网页设计 272

12.1 按钮设计 273
 12.1.1 案例展示 273
 12.1.2 思路分析 273
 12.1.3 实现步骤 273
12.2 网站头部设计 279
 12.2.1 案例展示 279
 12.2.2 思路分析 279
 12.2.3 实现步骤 280
12.3 高雅时尚的网页设计 283
 12.3.1 案例展示 283
 12.3.2 思路分析 283
 12.3.3 实现步骤 284

第13章 综合实例：建筑制图后期表现 292

13.1 制作彩色户型图 293
 13.1.1 将CAD文件转换成EPS文件 293
 13.1.2 合并EPS文件 298
13.2 室外后期效果处理 306
 13.2.1 案例展示 306
 13.2.2 思路分析 307
 13.2.3 实现步骤 307

Chapter 1

第1章
Photoshop CC 2018基础

本章要点

入门——基本概念与基本操作
- Photoshop简介
- Photoshop CC 2018的工作界面
- 图像的基本操作

进阶——特色功能
- 内容填充
- 操控变形

- 镜头校正
- 3D文字
- 混合器画笔

提高——自己动手练
- 调整图像大小
- 调整画布大小
- 调整图像方向

本章导读

Adobe Photoshop（Creative Suite）是Adobe公司推出的功能强大的图像编辑软件，是世界上专业平面设计人员使用最为广泛的工具之一。目前的Photoshop CC 2018版本，无论在图像编辑、桌面出版、网页图像编辑等方面，其卓越的性能和方便的使用性都使同类产品望尘莫及。利用Photoshop的滤镜功能，许多天才创意唾手可得。同时，Photoshop也为第三方滤镜提供了一个开放的挂接平台，这些安装到Photoshop中的外挂滤镜与Photoshop的内置滤镜一样方便使用。

1.1 入门——基本概念与基本操作

本节首先了解一下Photoshop的应用领域，然后认识一下软件的工作界面，再学习一些有关图像处理的基础操作。掌握了这些基础知识与概念，才能快速地学习图像处理技能。

1.1.1 Photoshop简介

Photoshop在平面设计领域的应用非常广泛，例如我们常见的包装设计、标志设计、企业形象设计、产品宣传设计、海报设计等。如今，充满了艺术效果且越来越生动漂亮的书籍封面也是各种图像软件广泛应用于桌面出版的充分体现。Photoshop在桌面出版的应用更有其独到之处，以其强大的表现力，在桌面出版方面得到了广泛的应用，如图1-1所示的作品便是由Photoshop设计的手提袋作品。

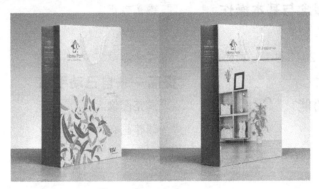

图1-1　手提袋设计

随着通信的发展，被视为新媒体的网络处于越来越重要的地位。由于网络的互动优势，不仅改变了人们的生活方式，也可为商业公司树立公司形象、推广公司产品、收集市场信息建立新的渠道。在全球共享资源的网络上，怎么创建具有独特个性的网站，从成千上万的网站中脱颖而出呢？因此，网页设计领域也是Photoshop重要的应用范畴。网络的发展，尤其是Internet的广泛应用拓展了Photoshop的平面设计功能，如图1-2所示。

图1-2　网页设计

Photoshop CC 2018利用自身在图像处理上的优势，实现了多方面的网络应用。利用图像软件可视化操作程度比较高的优势，可以进行网页的视觉设计、排版布局，并创建为页面的HTML文件。

Photoshop能够完成网站中各种类型的Web图像设计和制作，还包括为使图像更适于网络发布而进行的各项图像优化工作。在Photoshop CC 2018中，软件的操作更加简单，效果变化更丰富，同时提供提高工作效率的解决办法。相信大家在仔细阅读、学习了后面的章节后，一定会有深刻体会。

 说明 在实际应用中，Photoshop所涉及的远不止这些领域，在设计、摄影、美术、出版、印刷、后期处理等领域都能够见到Photoshop的身影。

1.1.2 Photoshop CC 2018的工作界面

在工作界面方面，Photoshop又重新设计了新的界面样式，去掉了Windows本身的"蓝条"，直接以菜单栏替代，主要包括：主菜单、工具选项栏、工具箱、浮动面板等。界面如图1-3所示。

图1-3　Photoshop CC 2018的界面

Photoshop软件界面主要包括3个部分：上面的是菜单栏和工具选项栏，在工具选项栏中主要存放的是各个菜单选项；左侧是绘图所使用的工具箱，可根据绘图需要选择工具箱中相应的工具；右侧是针对每个工具或是操作的需求提供的相应浮动面板。

1. 菜单栏和工具选项栏

Photoshop的大多数功能都可在菜单及其子菜单中找到，只要单击想执行的命令就可以执行该命令或打开其子菜单进行选择，如图1-4所示。

图1-4 菜单

工具选项栏是工具箱中工具的功能延伸,通过适当地设置工具选项栏中的选项,不仅可以有效地增加工具在使用中的灵活性,而且能够提高工作效率,如图1-5所示。

图1-5 工具选项栏

2. 工具箱

第一次启动程序后,工具箱出现在屏幕左侧。可以这样说,工具箱是Photoshop的控制中心,大多数的图像编辑工具都可以在这里找到。因此,这是平时最常用的组件之一。选择【窗口】→【工具】命令,可以显示或隐藏工具箱。使用鼠标左键单击就可以选择工具箱中的工具,大多数工具按钮的右下角有一个小三角图标,按住鼠标左键停留片刻,会弹出隐藏的工具,如图1-6所示。对于绝大多数工具来讲,都配有相应的键盘快捷键。

 提示 Photoshop CC 2018的工具箱中共有上百个工具可供选择,使用这些工具可以完成绘制、编辑、观察、测量等操作。

3. 浮动面板

通过浮动面板,可以完成对图像的一部分编辑工作。打开或关闭某个浮动面板的命令在【窗口】菜单下,选择浮动面板的名称命令即可。默认状态下,浮动面板是分组显示的,双击某组浮动面板标题栏,可以使该组面板最小化显示,单击浮动面板组中的选项卡,可以显示出要浏览的面板内容。Photoshop CC 2018的浮动面板比起之前的版本有了很大的改进,首先是视觉上更加美观,其次是可以方便地随时折叠、调出,如图1-7和图1-8所示。

4. 图像窗口

每张打开的图像都有自己的编辑窗口,在标题栏上有文件名称、保存路径、图像显示比例、当前所在图层及所使用的色彩模式等信息,如图1-9所示。

第1章　Photoshop CC 2018基础

图1-6　工具箱　　　　　图1-7　折叠前的浮动面板　　　图1-8　折叠后的浮动面板

图1-9　图像窗口

在Photoshop CC 2018中打开多个图像文件后，会以选项卡方式来显示各图像。通过【窗口】→【排列】子菜单命令可以控制多个文件在窗口中的显示方式，如图1-10所示。

5

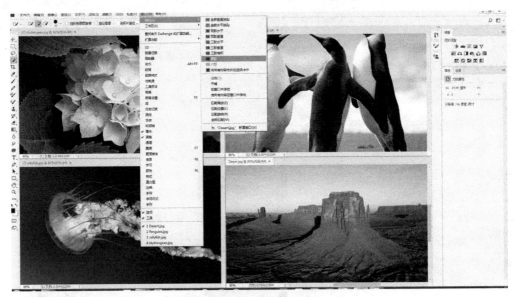

图1-10　排列文档

1.1.3　Photoshop CC 2018的基本操作

下面介绍文件的基本操作，包括新建、打开、导入、存储、关闭图像等。

1. 新建文件

执行【文件】→【新建】命令（按下【Ctrl+N】组合键）可以创建一个空白的、无标题的Photoshop图像，也可以使用此命令创建一个新的图像，其像素尺寸与拷贝到剪贴板中的图像或选区完全相同。

在如图1-11所示的【新建文档】对话框中，可以更改当前的参数设置。在更改参数的过程中，若想恢复原有的参数设置，按【Alt】键使【取消】按钮改变为【复位】按钮并单击它即可，完成参数设置后单击【创建】按钮创建一个新文件。如果有常用尺寸的文档，可以在设置好参数后单击图标 ，保存文档预设。

图1-11　新建文件

输入名称的文本框：在图标 左侧可输入新建的图像名称，"未标题-1"是Photoshop根据新建文件的数目序列默认的名称。

- 【预设】选项：用户可以根据自己的需要非常方便地设置所需的图像类型，如图1-12所示。

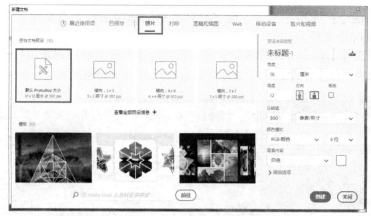

图1-12　预设图像类型

- 【宽度】、【高度】和【分辨率】文本框：用于进行参数设置，可在其右侧的单位下拉列表框中选择数值单位，并在文本框中输入所需的数值。
- 【颜色模式】下拉列表框：提供了Photoshop文件支持的所有颜色模式，可在其中选择新建文件的颜色模式，包括位图模式、灰度模式、RGB颜色模式、CMYK颜色模式、Lab颜色模式。
- 【背景内容】下拉列表框：在此可选择新建图像文件的背景。选择【白色】选项将用白色填充新建图像文件的背景，它是默认的背景色；选择【背景色】选项可用当前工具箱中的背景色填充新建图像文件的背景；【透明】选项用于创建一个包含没有颜色值的单图层图像，因为选择【透明】选项创建的图像只包含一个图层而不是背景，所以必须以Photoshop格式存储。

2. 打开文件

在Adobe Photoshop中，可以打开不同格式的图像文件，而且可以同时打开多个图像文件。执行【文件】→【打开】命令（按下【Ctrl+O】组合键），将弹出如图1-13所示的【打开】对话框，搜寻并选择所需的文件，然后单击【打开】按钮。

图1-13　打开文件

另外，通过【文件】菜单下的【打开为】和【最近打开文件】命令也可以打开文件，具体解释如下。

- 【打开为】命令：选择此命令，会在打开的对话框中出现所有文件，无论文件格式是否为Photoshop所支持。
- 【最近打开文件】命令：选择该命令后，在其子菜单中显示的是最近打开的文件。
- 【在Bridge中浏览】命令：选择该命令后，会打开Bridge浏览素材，如图1-14所示。

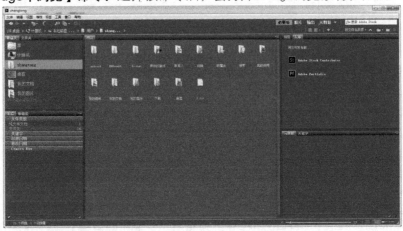

图1-14　在Bridge中浏览素材

3. 保存文件

与文件保存有关的命令是：【存储】、【存储为】、【存储为Web所用格式（旧版）】（在【导出】命令的子菜单中）命令。本节只介绍【存储】和【存储为】命令，【存储为Web所用格式（旧版）】命令将在后面章节中详细介绍。

- 【存储】命令：直接以原有文件的名称和格式保存。
- 【存储为】命令：将文件以另外的名称或格式保存。

1.1.4　图像的查看

下面介绍不同的查看图像及工作环境的方式，便于后续的图像处理操作。

1. 视图查看

如果希望在显示器上相同的面积下显示更多的内容，可以选择【视图】菜单下的【屏幕模式】命令，如图1-15所示。也可以按快捷键【F】进行切换。用鼠标长单击工具箱中的按钮，将会弹出不同显示模式，可根据需求选择显示模式，如图1-16所示。

图1-15　查看命令

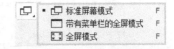

图1-16　查看方式选项

2. 缩放查看

在工具箱中选择"缩放工具"，如图1-17所示，单击想要放大的区域，每单击一次，图像就会以下一个预定的百分比放大显示，并以单击点为中心显示，如图1-18所示。达到最大放大倍数时，图像文件中缩放图标的中心会变为空白。

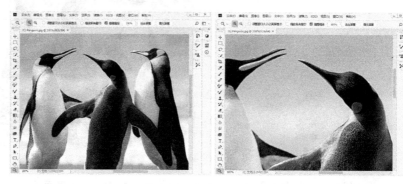

图1-17　缩放工具　　　　　　　图1-18　缩放工具的使用

在工具箱中选择"缩放工具"，按住【Alt】键可以激活缩小工具，然后单击想要缩小的图像区域，每单击一次，图像就会以下一个预定的百分比缩小显示。双击缩放工具，当前图像文件将以100%的比例（也就是图像的实际大小）显示。在选择了"缩放工具"之后，工具选项栏将改变为如图1-19所示的样子，可在其中对图像的视图大小进行特定设置。

图1-19　缩放工具选项栏

- 在工具箱中选择"缩放工具"，并在工具选项栏中单击【100%】按钮，当前图像文件将以100%的比例（即图像的实际大小）显示。
- 在工具箱中选择"缩放工具"，并在工具选项栏中单击【适合屏幕】按钮，将按比例缩放视图和窗口的大小，使之与显示器的屏幕尺寸相符。
- 【打印尺寸】选项在【视图】菜单下。选择此选项，图像的放大倍数被调整到近似的打印尺寸。该"打印尺寸"的参数在【图像大小】对话框中进行设置。

 提示　缩放的快捷键分别是【Ctrl++】和【Ctrl+-】组合键。

在工具箱中选择"缩放工具"后在图像上拖动，或按【Ctrl+空格键】组合键在要放大的区域内拖动鼠标，可区域放大图像。在工具箱中选择"缩放工具"并按住【Alt】键在图像上拖动，或按【Ctrl+Alt+空格键】组合键在要缩小的区域内拖动，可区域缩小图像。

3. 抓手查看

使用"抓手工具"，可以在大于满屏显示的图像上移动视图，如图1-20所示。

另外，使用【窗口】菜单下的【导航器】面板也可以查看图像的不同区域（也需要图像大于满屏显示）。将鼠标指针放置于【导航器】面板内，直接拖曳希望查看的区域即可，如图1-21所示。

图1-20　抓手工具

图1-21　导航器面板

导航器有以下几种使用方法。
- 在【导航器】面板中，单击面板底部的【放大】 或【缩小】 按钮。
- 拖动面板底部的三角形缩放滑块。
- 在面板底部的文本框中输入要放大或缩小的百分比，按【Enter】键应用。
- 按住【Ctrl】键在导航器的缩览图上用鼠标拖曳出要放大的区域。

观看放大的图像时还可以用"抓手工具"直接拖曳面板上的红色矩形框，移动到想要显示的图像部分。

如果想更改矩形框的颜色，可以从【导航器】面板菜单中选择【面板选项】命令（单击【导航器】面板菜单右上角 图标），系统将显示如图1-22所示的【面板选项】对话框，在此可为矩形框更改颜色。

4. 旋转视图工具

Photoshop CC 2018的图像查看基于显卡的OpenGL图形加速，故在任何显示百分比下都可以无锯齿地查看图像，并且通过"旋转视图工具" ，还可以360°旋转画布，特别适合使用手写板进行绘画的用户，如图1-23所示。

图1-22　更改矩形框颜色

图1-23　使用旋转视图工具旋转画布

1.1.5　使用辅助工具

在进行图像处理的时候，常常需要使用布局工具使工作更方便。常用的布局工具有标尺、网格和参考线。

1. 标尺

执行【视图】→【标尺】命令，可以在图像上显示标尺，取消前面的对钩标记时，便可隐藏标尺。在默认设置下，标尺的原点都在图像的左上角处。当在图像上移动鼠标光标时，可以准确地看到光标所在位置的坐标值，如图1-24所示。

图1-24　标尺

如果想改变原点的位置，只需用鼠标拖曳基准点到图像的适当位置释放即可。在图像左上角标尺交界处双击即可使基准点恢复默认位置。

选择【编辑】→【首选项】→【单位与标尺】命令，会出现如图1-25所示的【首选项】对话框。在对话框中，单击【标尺】下拉列表框，可从中选择标尺的单位。

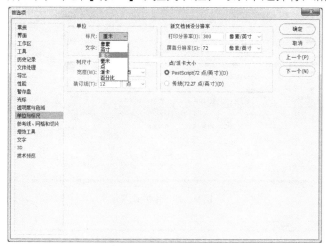

图1-25　单位与标尺

2. 网格

执行【视图】→【显示】→【网格】命令（按下【Ctrl+'】组合键），可显示或隐藏当前图像的网格。当该命令处于未选中状态，网格被隐藏起来；当使该命令处于选中状态，网格被显示出来，如图1-26所示。

图1-26　网格

选择【编辑】→【首选项】→【参考线、网格和切片】命令，会出现如图1-27所示的【首选项】对话框。在对话框的【网格】选区中，可以设置主网格线（即图1-26所示网格线中的粗一点的线）之间的距离（【网格线间隔】文本框），并在其后的下拉列表框中选择一个合适的单位。在【子网络】文本框中输入数值可以设置子网格线（即图1-26所示网格线中的细一点的线）的间距。

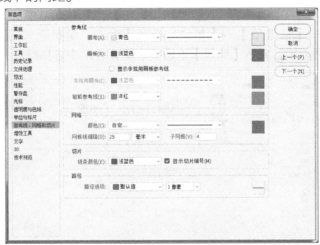

图1-27　网格设置

3. 参考线

参考线也常用于对象的对齐，显示标尺后，从标尺上向图像中拖曳鼠标，即可拖出一条参考线，按照此方法可以拖出多条参考线，这些线只会起到辅助定位的作用，并不会影响最终的图像显示，如图1-28所示。如果希望删除参考线，只需将参考线拖出图像到标尺外即可。

选择【编辑】→【首选项】→【参考线、网格和切片】命令可设置参考线的颜色和线型等，【参考线】选区中可供选择的线型有直线和虚线，如图1-29所示。

图1-28　参考线

图1-29　参考线设定

1.2　进阶——Photoshop CC 2018的功能

作为Adobe Creative Suite的组件之一，Adobe Photoshop CC 2018的确给设计师们带来了很大的惊喜，它具备许多强有力的功能，特别对于摄影师、画家及广大的设计人员来说，它大大突破了以往Photoshop系列产品更注重平面设计的局限性。

下面通过一些应用实例来了解一下Photoshop CC 2018的几大功能。

1.2.1　内容识别填充

使用这个功能可使用户快速填充一个选区。用来填充这个选区的像素是通过感知该选区周围的内容得到的，使填充结果看上去像是真的一样。在下面这个例子中我们将要从照片里移除一个人,移除的过程不会超过2分钟。完成以后的效果如图1-30所示。

首先,来看看提供的素材,如图1-31所示为调整前的照片。

图1-30　完成以后的效果　　　　　　　　图1-31　调整前的照片

可以很清楚地看到照片中有两个人,接下来,我们使用Photoshop CC 2018中的"内容识别"功能将左边的男人去掉,具体操作步骤如下。

1. 在Photoshop CC 2018中打开图像素材。
2. 根据左边人物的轮廓来获得选区。由于使用内容识别填充时,并不需要做一个精确的选区,所以可以使用"套索工具"或者"多边形套索工具",围绕左边人物的轮廓,来绘制一个大致的选区即可,如图1-32所示。
3. 选择菜单中的【编辑】→【填充】命令(快捷键为【Shift+F5】组合键),这时能够打开Photoshop CC 2018的【填充】对话框。
4. 在【填充】对话框的【内容】下拉列表框中选择【内容识别】选项,如图1-33所示。

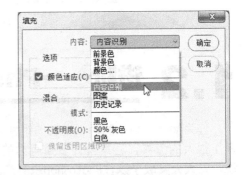

图1-32　获得选区　　　　　　　　　图1-33　选择【内容识别】选项

5. 单击【确定】按钮,这时选区中的内容会根据选区周围的图像内容进行自动计算,得到如图1-34所示的效果(根据每次所选区域的不同,处理结果不同)。
6. 这时虽然左侧人物大部分都已经被填充掉了,但有时还是会有一些不尽如人意的地方,这时可以重新使用"套索工具"选择不满意的地方,如图1-35所示。

第1章　Photoshop CC 2018基础

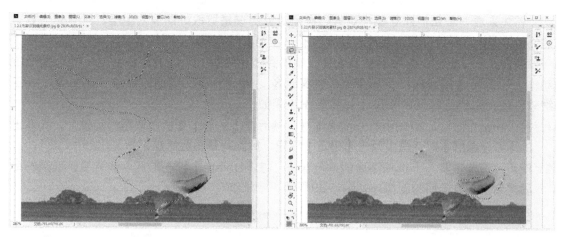

图1-34　使用内容识别后的效果　　　图1-35　继续选择不满意的区域

7 继续使用【内容识别】填充选项，对这个选区再次进行填充，就可以得到如图1-36所示的效果了。

8 经过多次内容识别填充，左边的人物就已经被完美地移出了照片，效果如图1-37所示。

图1-36　再次进行内容识别填充　　　图1-37　去掉左边人物的效果

1.2.2　操控变形

　　Photoshop从早期的3D变换滤镜，到后来的3D系列功能，操作越来越简单，功能越来越强大。Photoshop CC 2018的"操控变形"功能赋予图像以动作"灵魂"，不需要建模和贴图就能实现类似三维动作变形的效果。

　　相信使用过平面和3D设计软件的朋友都知道，在3D软件中可以建模，这样的3D模型可以进行任意动作变形，而在平面软件中，图像只是一个面片，如果对其进行变形操作，就会出现缺损、断裂等问题。

　　Photoshop CC 2018的操控变形功能就解决了这个问题，用鼠标移动关节点，图像也随之进行变形。在本例中，我们将一个站立的模特变得更有动感，模特的动作幅度可以更大一些，她将由此变得更为鲜活，可以摆出任意POSE。

　　这个功能非常强大，即使达不到天衣无缝的程度，我们也可以在变形之后对细节通过传统手段进行修复，因此它足以让我们提高工作效率。本例中使用到的素材如图1-38所示。

首先来看一看如何建立操控对象。操控对象应该是抠取好图像的图层，具有较为复杂的外形，运动部分之间最好不要连接，并有一定距离的空隙。

下面是一张已经抠好图的模特图像，她的身体比较舒展，这是最容易进行操控变形的动作，没有四肢相互连接及与身体的交叉现象，容易分离和弯曲、缩放，这类似于在三维软件中用来绑定骨骼的模型，具体操作步骤如下。

1 在Photoshop CC 2018中打开图像素材，然后在【图层】面板中双击"背景"，在弹出的【新建图层】对话框中单击【确定】按钮，解除背景图层的锁定状态。

2 使用"魔棒工具"，选择图像的单色背景，按【Delete】键删除选中的背景，取消选取后得到去除背景后的图像，如图1-39所示。

图1-38　素材图像

图1-39　去掉图像的背景颜色

 如果直接对这个图层应用"操控变形"功能，当然是可以的。如果想在将来进行进一步的修改，最好将这个图层设置为智能对象，这样就可以对它进行反复变形，而不会出现变形造成的画质损失现象。将来在需要对变形进行细调时，可以将变形图钉重新显示出来进行微调，非常方便。

3 选择该图层，右击，在弹出的快捷菜单中选择【转换为智能对象】命令，将该图层转换为智能对象，在图层的缩略图下方会出现一个智能对象小图标，如图1-40所示。

4 选择【编辑】→【操控变形】命令，对其进行操控变形设置。此时我们的鼠标将变成一个"图钉"样式，使用它来定义变形关节。在【图层】面板的该图层右侧，会出现两个小圆圈，说明我们正在对这个图层应用操控变形，如图1-41所示。

5 在模特身上单击，就会在单击的位置添加一个"图钉"。与其称之为"图钉"，不如称为"关节"更合适。因为对象的变形，就是由"关节"的旋转和位移来决定的，如图1-42所示。

图1-40　转换为智能对象

第1章　Photoshop CC 2018基础

图1-41　对图层应用操控变形

图1-42　给图像添加"图钉"

6　我们可以看到被操控的模特身上，出现了密密麻麻的网格。它将对象分割成了一个一个的小块。如果我们想改变分割的密度，可以使用【浓度】选项，较高的密度可以进行细节的调整，较低的密度可以快速摆出需要的姿态。

7　按下【Ctrl+H】组合键，或者取消选中【显示网格】选项，就可以将网格从我们的视线中消除，如图1-43所示。

8　取消网格显示，在模特身上最基础的关节处单击并移动，就可以改变模特的形态。在本例中，我们在模特的双臂、双腿、腰部、颈部等处建立了几个重要的关节，可以在开始时就控制好模特的形态。

9　如果在选中某个关节点时按下【Alt】键，光标会变成一个"小剪刀"，可以用来删除不需要的关节点，如图1-44所示。

图1-43　消除图像上的网格

图1-44　删除多余的关节点

10 当按住【Alt】键时，把鼠标指针移动到关节点的附近，就可以看到一个旋转的变换圈，用鼠标进行旋转调整就可以改变关节弯曲的角度，如图1-45所示。

11 例如在模特的腿部可以建立控制点进行旋转，从而改变她的动作。当她的右腿弯曲时，就呈现出半跳跃的动态效果。而在右臂肘部建立控制点并旋转，可以改变手臂的形态，将其前臂抬高些就显得更有活力。腿关节处的小圆圈就是进行旋转的变换圈，如图1-46所示。

图1-45　调整关节的弯曲角度

图1-46　调整人物形态

12 如果一味旋转关节，势必会让模特的动作变得僵硬，甚至出现畸变，为此还需要对各个关节部分进行微调。针对每个点进行移动和旋转，调好一个动作需要很长时间。

13 按照从躯体到四肢的顺序，依次建立关节点并及时旋转，就可以在短时间内得到非常满意的形态，如果我们在建立和调整顺序方面出现偏差，效率会大打折扣。

14 接着我们将模特的双腿都弯曲，呈现出完全跳起来的更大的动作效果。但是在实际操作时会遇到这样的问题，左腿和右腿交叉地方的前后关系是不对的，如图1-47所示。

15 这时右击右腿上的关节，在弹出的快捷菜单中选择【后移一层】命令，这个关节所控制的图像就会移到后面去，然后右腿自然就显示在左

图1-47　两条腿的层叠关系不对

腿的前面，如果重叠的有很多层，可以操作多次以确定它的深度，如图1-48所示。

16 调整结束后，按下回车键，可以看到智能对象图层下方多了一个蒙版和操控变形特效。由于使用了智能对象，所以可以反复调整。可以利用蒙版将图层局部擦回原始状态，也可以双击操控变形回到图钉编辑状态进行进一步细调，最终完成效果如图1-49所示。

第1章　Photoshop CC 2018基础

图1-48　改变两腿的叠放顺序

图1-49　最终完成的效果

操控变形是十分实用的功能，适合动作类图像的动态表现，原始素材的形态非常重要，如果原始图像主体的姿态比较舒展，则得到的结果会比较理想，如果肢体相互重叠，制作起来就比较困难。

1.2.3　镜头校正

Adobe Photoshop CC 2018中的镜头校正功能能够根据对各种相机与镜头的测量进行自动校正，可轻松地消除桶状、枕状、倾斜等变形，以及照片的周边暗角，具体操作步骤如下。

1 在Photoshop CC 2018中打开图像素材，这张照片中的建筑明显地倾斜变形了，用Adobe Photoshop CC 2018新增的镜头校正功能可以轻松地校正过来，如图1-50所示。

2 右击【背景】图层，在弹出的快捷菜单中选择【复制图层】命令复制【背景】图层，得到【背景 拷贝】图层，并且隐藏【背景】图层，如图1-51所示。

图1-50　在Photoshop CC 2018中打开图像素材

图1-51　复制背景图层并且隐藏原图层

3 选择【背景 拷贝】图层，然后选择【滤镜】→【镜头校正】命令，打开【镜头校正】对话框，如图1-52所示。

4 在【镜头校正】对话框右侧单击【自定】选项卡，在对话框下方勾选【显示网格】复选框，如图1-53所示。

19

图1-52 【镜头校正】对话框

图1-53 勾选【显示网格】复选框

5 用"移去扭曲工具"向中心拖动,或将【移去扭曲】滑块向左拖动,使建筑出现桶状变形。如果原图有枕状变形,可以用它来校正图像,如图1-54所示。反过来,向右拖动滑块可以用来校正桶状变形,如图1-55所示。

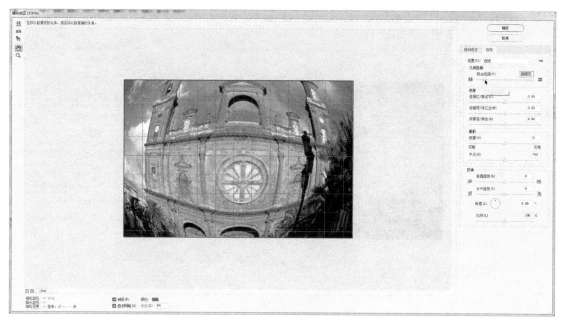

图1-54 几何扭曲效果（1）

图1-55 几何扭曲效果（2）

6 拖曳【垂直透视】和【水平透视】滑块，可将倾斜的建筑拉正，如图1-56所示。

7 用【变换】命令的缺陷是拉正后图形在画面中的比例有改变。这张图的建筑顶端超出了画面，通过缩小比例后裁切，可以达到更近似于原图的画面，最终效果如图1-57所示。

图1-56　变换效果

图1-57　最终效果

1.2.4　混合器画笔

很多学习Photoshop的人说自己没有绘画基础，不知道如何画出漂亮的图画来。而使用Photoshop CC 2018的"混合器画笔工具"可以让不懂绘画的人轻易画出漂亮的画面。如果是美术专业的朋友使用这个工具，更是如虎添翼。

初次听到"混合器画笔工具"这个名字，可能不容易理解它的作用是什么，下面通过一个简单的实例，把一张风景照片转换为水粉画风格，来介绍"混合器画笔工具"的使用方法，具体操作步骤如下。

第1章　Photoshop CC 2018基础

1. 在Photoshop CC 2018中打开准备好的素材图像，效果如图1-58所示。

图1-58　打开素材图像

2. 在工具箱中找到"混合器画笔工具"，如图1-59所示。如果仅使用鼠标绘制，在单击并拖曳时，这个画笔会实时产生效果。如果使用专业的绘图板，Photoshop CC 2018能自动感知画笔状态，包括倾斜角度、压力等，并可在预览窗口中实时展现出来。

3. 可以选择【窗口】→【画笔设置】命令打开【画笔设置】面板。在这里可以找到所需要的画笔样式。可以看到Photoshop CC 2018为"混合器画笔工具"准备了几款专用的描图画笔，如图1-60所示。利用这些画笔，用户可以很轻易地描画出各种风格的效果。

4. 通过工具选项栏中的【画笔预设选取器】按钮，可以打开【画笔】面板，更方便地选择需要的画笔，如图1-61所示。

图1-59　混合器画笔工具　　图1-60　描图画笔样式

图1-61　【切换画笔面板】按钮

23

5. 通过【当前画笔载入】按钮，可以重新载入或者清除画笔，也可以在这里设置一个颜色，让它和涂抹的颜色进行混合，具体的混合结果可以通过后面的设置进行调整，如图1-62所示。

图1-62 【当前画笔载入】按钮

6. 【每次描边后载入画笔】和【每次描边后清理画笔】两个按钮，控制了每一笔涂抹结束后对画笔是否更新和清理，类似于画家在绘画时一笔过后是否将画笔用水清洗的选项，如图1-63所示。

图1-63 载入和清理画笔按钮

7. 在【有用的混合画笔组合】下拉列表框中，有Adobe的工程师为用户预先设置好的混合画笔。当我们选择某一种混合画笔时，右边的4个参数的值会自动变为预设值，如图1-64所示。

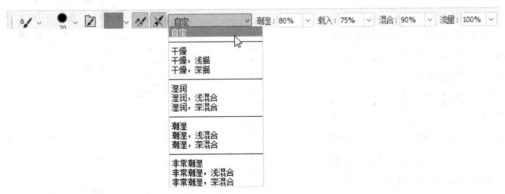

图1-64 【有用的混合画笔组合】下拉列表框

其中各参数含义如下。

- 【潮湿】：设置从画布拾取的油彩量。
- 【载入】：设置画笔上的油彩量。
- 【混合】：设置颜色混合的比例。
- 【流量】：这是以前版本其他画笔常见的设置，可以设置描边的流动速率。

8. 如果启用喷枪模式，当把鼠标停留在一个固定位置，并按住鼠标左键不动进行描绘时，画笔会像喷枪那样一直喷出颜色。若没按住鼠标，画笔只描绘一下就停止继续绘制，如图1-65所示。

图1-65 启用喷枪模式

9. 如果勾选【对所有图层取样】复选框，无论当前文件有多少图层，Photoshop CC 2018都会将它们作为一个单独的合并图层看待。

10 【绘图板压力控制大小】按钮，只有当用户选择普通画笔时，这个按钮才被激活。此时用户可以用绘图板来控制画笔的压力。

11 接下来在打开的图像中，分别用【干燥】和【潮湿】两种混合类型进行绘画，得到的效果如图1-66所示。

图1-66　分别使用【干燥】和【潮湿】混合类型绘制得到的效果

12 可以看到，较干燥的画笔较多地保留了用户自定义的颜色，而较为湿润的画笔则可以从画面上取出用户想要的颜色。可以把画笔想象成蘸了水的笔头，越湿的笔头，就越能将画布上的颜色化开。另一个对颜色有较强影响的是混合值，混合值高，画笔原来的颜色就会越浅，从画布上取得的颜色就会越深。

13 撤销前面的操作，然后根据自己的需要选择相应的画笔，在图像中进行绘制，就可以得到如图1-67所示的水粉画效果。

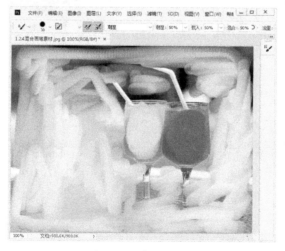

图1-67　最终的效果

使用这个方法非常适合CG创作时给出背景。因为不再需要调颜色，一切颜色都可以从画面上拾取，只要多观察别人的绘画作品，不需要学透视，不需要学色彩，甚至不需要精细的图像，一个很小的图像，被放大后，再用混合器画笔一刷，就是一张不错的画面。

1.2.5　选择并遮住

从Photoshop CS4开始，Adobe取消了Photoshop内置的【抽出】滤镜，使得选取精细区域图像时，例如头发等，变得比较麻烦。为了解决这个问题，在Photoshop中，在调整边缘命令的基础上又新增了一些"调整半径工具"和"抹除调整工具"等功能，使用这个功能，可以实现和【抽出】滤镜同样的效果，并且提高了用户的工作效率。下面将通过一个实例来给读者进行详细的介绍，具体操作步骤如下。

1. 在Photoshop CC 2018中打开提供的人物素材图像，按【Ctrl+J】组合键，复制【背景】图层，然后隐藏【背景】图层。

2. 使用"魔棒工具"，选取人物图像背景上的白色区域，再按【Ctrl+Shift+I】组合键对选区进行反选操作，这样就选中了图像中的人物部分，如图1-68所示。

3. 单击工具选项栏的【选择并遮住】按钮，打开【属性】面板，整个面板分为【视图模式】、【边缘检测】、【全局调整】和【输出设置】4个栏，如图1-69所示。

4. 在【视图】下拉列表框中，Photoshop CC 2018为用户提供了7种不同的视图模式，如图1-70所示。选择【黑白】选项。

图1-68　获得人物选区

图1-69　【属性】对话框

图1-70　视图模式的选择

5. 勾选【显示边缘】复选框，在【边缘检测】栏中调整【半径】滑块，当向右拖动【半径】滑块时，选区会以虚线为中心如线条般地显示出来，如图1-71所示。

6. 再次拖动滑块，我们可以看到，随着半径值的增大，这个"线条"显示的面积也会逐渐变宽、变大。去掉【显示半径】复选框的勾选状态，发现人物边缘的深色部分已经因半径的作用，局部或全部消失了，如图1-72所示。

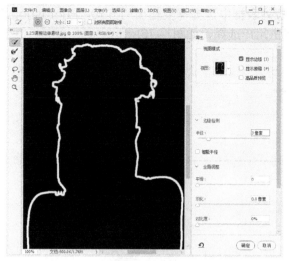

图1-71 调整半径值

图1-72 调整半径值后的效果

7 按住【Alt】键单击【复位】按钮（【属性】面板左下角），回到最初的状态，这时勾选【智能半径】复选框。在半径值小时，它的变化并不明显，半径值加大后可以看到选区边缘显示的区域不再平滑而选区内部却保护得更为完整了。结合使用【全局调整】栏内的各参数，可实时调整边缘细节。

8 如果对得到的效果不满意，可以通过"添加到选区"和"从选区减去"工具进行调整，如图1-73所示。

9 例如本例中人物的头发部分包含过多细节，并没有很好地处理，这时可以使用"从选区减去"工具在人物头发部分绘制，绘制的时候光标会变为笔刷样式，同样可以在工具选项栏中调整笔刷的大小，如图1-74所示。

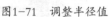

图1-73 可选择左侧工具

图1-74 使用"从选区减去"工具

10 可以在不满意的地方进行多次绘制，这样Photoshop会自动计算并去除多余的像素区域，得到的效果如图1-75所示。

11 反过来，如果觉得某些区域被误删除，也可以使用"添加到选区"工具进行恢复。

12 处理完图像后,可以在【输出到】下拉列表框中选择需要输出的方式,Photoshop CC 2018一共提供了6种不同的输出方式以供用户选择,如图1-76所示。

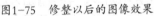

图1-75 修整以后的图像效果　　　　　　　图1-76 选择不同的输出方式

13 从图像的可编辑角度来说,一般建议用户选择【图层蒙版】选项,这样如果对最终的效果不满意,还可以重新来过。

14 如果在输出的时候勾选了【净化颜色】复选框,用户在编辑时就可以直观地看到软件会对对象边缘的颜色进行自动处理,并且可以通过【数量】滑块进行微调。

15 勾选【净化颜色】复选框,在【输出到】下拉列表框中选择【新建带有图层蒙版的图层】选项,最终得到的效果如图1-77所示。

图1-77 最终得到的效果

1.3 提高——图像尺寸的调整

一般来说，当用户扫描了图像或者当前图像的大小需要调整时，可以进行相关操作。

1.3.1 调整图像大小

可以通过【图像】→【图像大小】命令来进行图像大小的调整。这个命令可以调整图像的大小、打印尺寸及图像的分辨率，如图1-78所示。

图1-78 调整图像大小

- 文档的大小与图像的像素尺寸成正比，可以在【宽度】、【高度】和【分辨率】文本框和相应的下拉列表框中进行重新设置。

- 【缩放样式】按钮：单击此按钮 ✿.，选择【缩放样式】命令，会将对象自身的样式也同样缩放。

- 【重新采样】复选框：要更改图片的宽度、高度和分辨率，应勾选【重新采样】复选框，并根据需要在下方的下拉列表框中选择一种插值方式。当重定图像像素时，Adobe Photoshop根据图像中现有像素的颜色值，使用插值方式来将颜色值分配给所有新像素，方式越复杂，从原始图像中保留的品质和精度就越高。

勾选【重新彩样】复选框后，可以在下面的下拉列表框中选择应用类型。

- 【邻近（硬边缘）】选项：是最快但最不精确的方式。这种方式会造成锯齿效果，在对图像进行扭曲或缩放时，或在选区上执行多项操作时，这种效果会变得更明显。

- 【两次线性】选项：是用于中等品质的方式。

- 【两次立方】选项（分多种）：是最慢但又最精确的方式，结果得到最平滑的色调渐变。

1.3.2 调整画布大小

如果有必要更改画布的大小，我们可以选择【图像】→【画布大小】命令。虽然这个命令可以扩充和缩小画布，但为了方便，我们只进行扩充操作，如果希望缩小画布，可使用其他的命令。

1. 调整画布大小

执行【图像】→【画布大小】命令，将弹出如图1-79所示的【画布大小】对话框。

- 在【宽度】和【高度】文本框中输入新的尺寸。
- 在【定位】区域单击一个方格，指明在新画布的哪一位置放入现有图像。
- 如果勾选了【相对】复选框，则在相对当前文档

图1-79 【画布大小】对话框

大小的情况下进行宽度和高度的增减。

在【画布扩展颜色】下拉列表框中设定扩充画布的颜色。

如图1-80所示的是同一张图片采用中心和左上角放大后的不同显示效果。

图1-80　图片采用中心放大和左上角放大的对比效果

2. 使用"裁剪工具"

选择工具箱中的"裁剪工具",如图1-81所示,然后在图像中拖曳出裁剪的区域,如图1-82所示,至合适位置松开鼠标键,出现一个裁剪边框。在裁剪范围的边缘有8个可以调节的锚点。当鼠标指针指向锚点时,会变成双向箭头,这时可以对它们进行拖动调节。当鼠标指针位于裁剪范围内时,会变成箭头,这时可以按下鼠标左键移动整个裁剪范围。单击工具选项栏中的【提交当前裁剪操作】按钮✔,或者切换到工具箱中的其他工具(会弹出相关提示),也可按下回车键,直接进行裁剪。

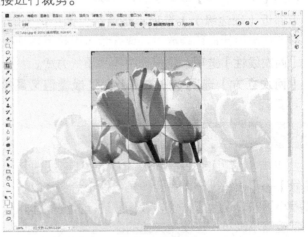

图1-81　裁剪工具　　　　　　　　　　图1-82　使用"裁剪工具"

裁剪的时候可以在工具选项栏中通过【删除裁剪的像素】复选框来确定是保留还是删除裁剪框以外的像素数据,如图1-83所示。取消选中此复选框的好处在于,裁剪了某个区域之后,未裁剪的部分并没有真正被剪掉,而是隐藏在画布周围,使用鼠标拖曳仍然可以调整裁剪范围。

图1-83　设定裁剪范围的裁剪工具选项栏

如果选中了【拉直】选项后，再次裁剪，可以在裁剪时调整图像倾斜角度，如图1-84所示。这个功能可用于校正建筑物外观的倾斜。

图1-84　拉直裁剪及其效果

在裁剪工具选项栏上单击【设置其他裁切选项】按钮，可以展开选项面板，如图1-85所示。

- 【使用经典模式】复选项：选中此复选项后，切换为CS6以前版本的裁剪模式。取消选中此选项，下面的两个复选项被激活，可以设置是否居中预览、是否显示裁剪区域。
- 【启用裁剪屏蔽】复选项：选中此复选项后，会激活下面的【颜色】和【不透明度】两个参数。默认设置为"匹配画布"和75%的黑色。

3. 使用【裁切】命令

根据文档内对象的分布情况，也可以适当地裁切画布的大小。如果选择【图像】→【裁切】命令，会使画布变为恰好容纳所有对象的大小。

执行【图像】→【裁切】命令，将弹出如图1-86所示的【裁切】对话框。在对话框中，可以设定一个或多个要裁切掉的图像区域，也可以设定基于哪个位置的颜色进行裁切操作。

图1-85　设置裁切选项

图1-86　【裁切】对话框

- 【基于】栏：设置当前图像文件基于何种因素裁切图像。
  - 【透明像素】单选按钮：基于当前图像的透明像素来裁切图像，删除图像边界的透明区域。
  - 【左上角像素颜色】单选按钮：基于当前图像左上部的像素颜色来裁切图像。

➢ 【右下角像素颜色】单选按钮：基于当前图像右下部的像素颜色来裁切图像。

🔲 【裁切】栏：设置要将当前图像文件的顶、底、左和右哪一部分或哪几部分裁切删除。

执行【图像】→【显示全部】命令，可以显示出在当前图像窗口中以外未被显示的图像部分，以使图像的全部内容显示于窗口中。

如图1-87所示，是源图像和应用了【裁切】命令之后的图像对比。

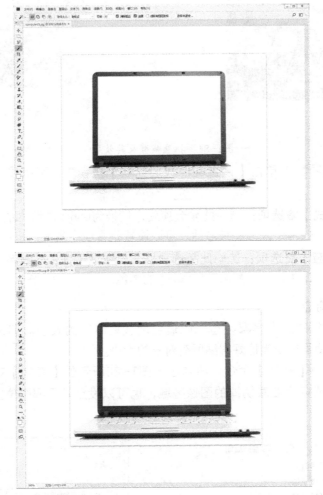

图1-87　源图像和应用了【裁切】命令之后的图像的对比效果

1.3.3　调整图像方向

【图像旋转】命令可以旋转和翻转整个图像，但它不能用于单个图层、图层的部分、路径或选区边框。

如图1-88所示，子菜单中由上至下依次为旋转180°、顺时针旋转90°、逆时针旋转90°、旋转任意角度、水平翻转画布、垂直翻转画布的命令。如果选择【任意角度】命令，则会弹出如图1-89所示的对话框，可以设定旋转角度。

第1章　Photoshop CC 2018基础

图1-88　【图像旋转】子菜单

图1-89　设定旋转角度

如图1-90所示，是源图像和应用了【图像旋转】命令之后的图像对比。

图1-90　应用了【图像旋转】命令之后的图像效果

结束语

本章重点介绍了Photoshop CC 2018的特点、应用及其特色功能，这些功能在设计工作中给设计者带来了很大的方便。在本书后面的章节中，将继续为大家介绍Photoshop CC 2018的其他应用。

Chapter 2

第2章
选区的创建与编辑

本章要点

入门——基本概念与基本操作
- 创建选区
- 修改选区
- 缩辑选区

进阶——典型实例
- 简单图像效果制作

提高——自己动手练
- 制作空间的相册封面

答疑与技巧

本章导读

基本选区工具是Photoshop CC 2018绘图的基础,任何复杂的图形都是由一些简单的基本构图元素组成的。

本章主要介绍基本选区工具(如"矩形选框工具"、"椭圆形选框工具"、"多边形选框工具"等)的使用方法和技巧。熟练掌握本章的知识,是使用Photoshop CC 2018进行平面、网页或室内等设计的基础。

2.1 入门——基本概念与基本操作

在Photoshop CC 2018中编辑图像时常常要用到选区，能否快速创建理想的选区决定了能否快速解决实际的工作问题。创建选区后，所有的操作只作用于选区的内部，选区之外保持原效果。本节详细地阐述了选区的创建与编辑技巧。

2.1.1 创建选区

选区实际上是用户告诉电脑要编辑的图像范围，用户可以将所有的操作应用于其内部，而图像外部不会发生变化，如图2-1所示。

图2-1 一个选区或多个选区都作用于内部

在Photoshop CC 2018中创建选区的方法有很多，例如，用工具、菜单命令、通道、蒙版、路径等。本章主要通过工具与命令建立选区，并以案例的方式讲解路径转换为选区的方法。

在Photoshop CC 2018中利用工具是最基本的创建选区的方法，主要包含选框工具组、套索工具组和魔棒工具组，利用不同的工具可创建不同的选区。

1. 使用选框工具组创建选区

选框工具组是最常用的选区工具组，也是Photoshop CC 2018中最基本的一个工具组，利用选框工具组可创建比较规则的选区，选框工具组包含："矩形选框工具"、"椭圆选框工具"、"单行选框工具"与"单列选框工具"（均为1像素）。

将鼠标指针放在"矩形选框工具"上，按住左键不放或在其上右击，会显示选框工具组里其他工具，如图2-2所示，按【Alt】键单击工具图标可循环显示工具组中的工具。

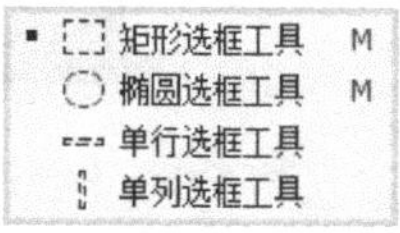

图2-2 选框工具组

选择工具后，在菜单栏的下方会显示相应的工具选项栏。不同的选框工具所显示的选项栏中的选项也不同。下面以"矩形选框工具"为例，来学习工具选项栏里面的各项内容。选择"矩形选框工具"后，其工具选项栏如图2-3所示。

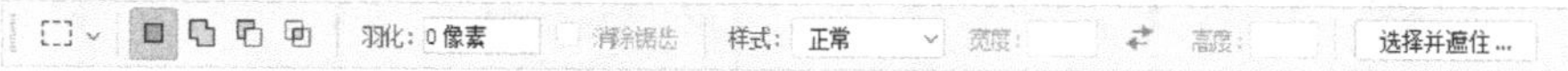

图2-3 "矩形选框工具"的属性

- 显示当前工具按钮：通过单击右侧的下拉按钮，在打开的面板中单击按钮，可以对设置好的参数进行新建，也可以在此按钮上右击，然后选择复位当前选择的工具或复位所有工具，如图2-4所示。

图2-4 复位工具与复位所有工具

● **选区编辑按钮组**：单击该组中的不同按钮会显示不同的编辑方式。【新选区】按钮用于创建新的选区，鼠标指针在工作区显示的状态为 ； 【添加到选区】按钮用于在原有选区的基础上增加新的选区，指针在工作区显示的状态为 ； 【从选区减去】按钮用于在原有选区的基础上减去选区，得到新的减去选区的效果，指针在工作区显示的状态为 ； 【与选区交叉】按钮用于在原有选区的基础上叠加得到一个新的选区，鼠标指针在工作区显示的状态为 。如图2-5、图2-6、图2-7和图2-8所示。

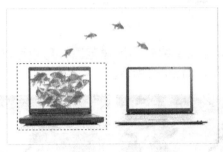

图2-5　创建新选区

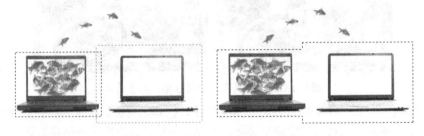

图2-6　添加到选区（过程与结果）

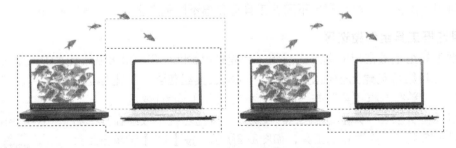

图2-7　从选区中减去（过程与结果）

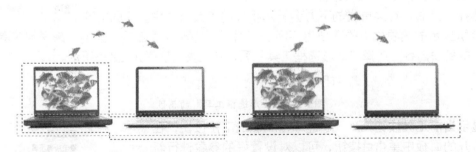

图2-8　与选区交叉（过程与结果）

● 【**羽化**】数值框：取值范围为0~255像素，羽化用于创建选区边框内外像素的过渡，使边缘变得模糊，使内外图像融合效果更好。图2-9为"羽化"值分别0、10、50时创建的选区效果，图2-10为按【Ctrl+Delete】组合键删除其他部分后的效果（要先按【Ctrl+Shift+I】组合键，再删除）。

图2-9　不同羽化值的选区效果

图2-10　选区反选后删除图像的效果

注意　工具选项栏中的羽化值必须在创建选区前设置。创建选区后可以通过【选择】→【修改】→【羽化】命令（【Shift+F6】组合键），或通过工具选项栏【选择并遮住】按钮 选择并遮住... 设置羽化值。

【样式】下拉列表框： 单击右侧的☑按钮，在弹出的下拉列表中分别包括【正常】、【固定比例】和【固定大小】3个选项。其中【正常】选项为系统默认设置，用户可根据情况随意创建选区大小与形状；选择【固定比例】选项时，会激活其后的【宽度】与【高度】参数，用户可以设置宽度与高度的比例；【固定大小】选项用于创建精确的选区大小。

注意　在使用"矩形选框工具"和"椭圆选框工具"绘制选区时，同时按住【Shift】键，可以得到正方形或正圆形选区；按住【Shift+Alt】组合键，可以得到从中心向外画的正方形或正圆选区。

选择工具并设置好相应的工具选项后，就可以在图像上拖曳鼠标创建选区了。

注意　对于"单行选框工具"与"单列选框工具"，只要在对应的区域单击就可以得到与页面同宽或同高的1像素选区，如图2-11显示，放大后的效果如图2-12所示。

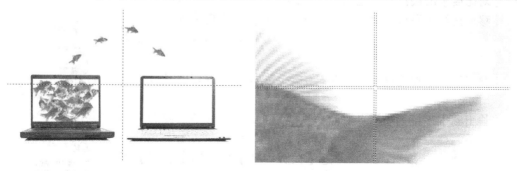

图2-11　放大前的效果　　　　　　　　图2-12　放大后的效果

创建选区后，工具选项栏中的 选择并遮住... 按钮会被激活，单击按钮会打开【属性】面板，如图2-13所示。调整好各选项参数后，单击【确定】按钮。

【属性】面板中的参数的说明如下。

- 【边缘检测】栏中的【半径】选项：决定选区边界周围的区域大小，在此区域中将进行边缘调整。增加半径可以在包含柔化过渡或细节的区域中创建更加精确的边界，如图2-14所示。想看到调节半径的效果，可以勾选【视图模式】栏中的【显示边缘】复选框，效果如图2-15所示。勾选【智能半径】复选框

图2-13 【属性】面板　　图2-14 设置半径前和设置半径后效果

的作用是以图像轮廓来选择边缘，效果如图2-16所示。

图2-15 调整边缘设置半径后勾选【显示半径】复选框　图2-16 在【边缘检测】栏中勾选了【智能半径】复选框

- 【平滑】滑块：减少选区边界中的不规则区域，创建更加平滑的轮廓。前提是要取消勾选【视图模式】栏中的【显示边缘】复选框，才能看到效果。
- 【羽化】滑块：在选区及其周围像素之间创建模糊的过渡边缘。
- 【对比度】滑块：选区边缘更加精细化，并去除了模糊感。
- 【移动边缘】滑块：缩小与放大选区边界。向右侧拖动滑块时，数值为正值，扩大选区；向左侧拖动滑块时，数值为负值，缩小选区。
- 【净化颜色】复选框：移除半径边缘上的彩色信息，将其设置成灰阶。
- 【输出到】下拉列表框：将制作好的效果，在不破坏原有图像的情况下，存为另一种形式。可以存成图层、模板、文档等。

设置好各个参数后，可以通过【视图模式】栏中的【视图】下拉列表框，选择不同的显示模式查看效果。视图模式如图2-17所示，显示效果如图2-18所示。

图2-17 视图模式

图2-18　视图模式7种不同显示方式

 注意　所有的选区工具（选框工具组、套索工具组、魔棒工具组）的选项栏中都有 选择并遮住… 按钮，创建好选区后可以直接单击该按钮，快捷键为【Ctrl+Alt+R】组合键。

2．利用套索工具组创建选区

选框工具组只能创建标准和规则的选区，而在实际工作中经常需要创建不规则的选区，这时就可以通过套索工具组来创建，包括"套索工具""多边形套索工具"和"磁性套索工具"，如图2-19所示。

图2-19　套索工具组

"套索工具"用于绘制任意形状的选区。在选区起始点按住鼠标左键不放，拖动鼠标绘制想要的形状后，松开鼠标键后可选指针拖动过的区域，如图2-20所示。

图2-20　用"套索工具"创建选区（过程与结果）

"多边形套索工具"是用来创建直线轮廓选区的工具，操作方法与"套索工具"不同。先在选区起始点单击，然后松开鼠标键沿着需要的轨迹单击，定义选区的下一个点，最后移到起始点，指针变成形状时单击。如果找不到起始点或不想找起始点，双击鼠标会自动闭合选区结束多边形选区的绘制，如图2-21所示。

图2-21　用"多边形套索工具"创建选区（过程与结果）

选择"套索工具"与"多边形套索工具"创建选区时，它们的工具选项栏相似，如图2-22所示。工具选项栏上的【消除锯齿】复选框处于可选状态，勾选后，创建出的选区边缘更加柔化。其他工具选项相同，在这里就不阐述了。

图2-22 "套索工具"的工具选项栏

"磁性套索工具"可以自动捕捉图像中对比度比较大的两部分的边界，从而可快速选择复杂图像，精确定位出选区。选择"磁性套索工具"后，其工具选项栏如图2-23所示。

图2-23 "磁性套索工具"的工具选项栏

"磁性套索工具"的工具选项栏中除了可以设置【羽化】、【消除锯齿】与【选择并遮住】等参数外，还可以设置如下参数。

- 【宽度】文本框：在使用"磁性套索工具"时，用于检测指针到边缘的距离。取值越小，检测范围就越小；取值越大，检测范围就越大。取值范围为1~256像素。
- 【对比度】文本框：定义边缘对比度，取值越大，对比度越大，边界定位也就越准确。取值范围为1%~100%。
- 【频率】文本框：定义边界的节点数。这些节点的作用是进行定位选择，取值越大，产生的节点就越多。取值范围为0~100，如图2-24所示。

图2-24 频率值分别为55%与100%的效果

 注意：在使用"多边形套索工具"与"磁性套索工具"创建选区时，会产生节点，而有些节点可能不需要，这时可以按【Backspace】键向前倒序删除到相应的节点，然后从相应的节点开始重新绘制。另外，在使用"磁性套索工具"时若想不用边缘来选图像，可直接绘制直线选区，即按住【Alt】键单击，快速从"磁性套索工具"切换成"多边形套索工具"。

3. 利用魔棒工具组选择选区

在使用"魔棒工具"处理图像时，可选中图像中颜色相同或相似的部分。在要选择的颜色上单击，与单击位置颜色相同的区域均会被选择。

在工具箱中选择"魔棒工具"后，工具选项栏如图2-25所示。

图2-25 "魔棒工具"的工具选项栏

- 【容差】文本框：设置颜色选择范围，值越小选择的颜色越接近，选区范围越小，值越大则反之，其取值范围在0~255之间。如图2-26所示为同一位置不同容差值创建选区对比。

图2-26　设置容差值为10与50的效果

- 【连续】复选框：取消勾选该复选框表示选择的不是连在一起的相同颜色。如图2-27所示，选择被小路分开的绿色。

图2-27　勾选【连续】复选框（左图）与不勾选的（右图）效果

- 【对所有图层取样】复选框：基于不同图层的统一分析，选择相似颜色。勾选复选框后，魔棒工具将在所有可见的图层中选择容差范围内的区域，否则只在当前图层选择。

"快速选择工具"可以对不规则形状的对象进行快速精确的选择。不需要手动跟踪对象边缘。"快速选择工具"基于画笔模式，拖动时，选区向外扩展并自动查找和跟随图像中定义的边缘。选择"快速选择工具"后，其工具选项栏如图2-28所示。

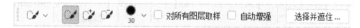

图2-28　"快速选择工具"的工具选项栏

- 选区模式： 取代了 ，并分别对应于前3个选项，即【新选区】、【添加到选区】、【从选区减去】选项。默认是【添加到选区】选项。

 在图片上操作时，按住【Alt】键可以切换到"从选区减去"，松开又会恢复为"添加到选区"。

- 画笔选项 ：用来设置"快速选择工具"的画笔笔尖大小，也可以通过键盘上的左右中括号来快速设置笔尖大小。
- 【自动增强】复选框：用来降低选区边界的粗糙度，勾选此复选框后选区将自动向图像边缘进一步流动并应用一些边缘调整，也可以通过【全局调整】栏调整后应用。

下面用一个案例来阐述"快速选择工具"创建选区的方法。

1. 打开素材图像"woman.jpg"。
2. 选择工具箱中的"快速选择工具" ，在工具选项栏中指定选取方式。
3. 单击工具选项栏中的【画笔】下拉按钮 ，在打开的【画笔】面板中调整各参数的值，如图2-29所示。
4. 在要选择的图像上单击拖动鼠标，以包括目标选区，如图2-30所示。
5. 停止拖动后，在图像的其他位置单击或拖动鼠标，可以将选区扩大以包含更多的选区，如图2-31所示。

图2-29 【画笔】面板

图2-30 选择区域

图2-31 添加选区

 注意 "快速选择工具"是智能工具，在某种意义上是电脑自动识别边缘，变得更加直观与准确化。用户不需要在选取的整个区域中涂画，所以应用相比其他选区要广泛得多。

4. 利用【色彩范围】命令创建选区

前面介绍了使用工具创建选区，这是建立选区的基本操作。下面我们来看看，如何通过菜单命令【色彩范围】创建选区的方法。

【色彩范围】命令用于选择现有选区或整个图像内指定的颜色或色彩范围。如果想替换选区，在应用此命令前确保已取消选择所有内容。创建复杂的选区就可以利用【色彩范围】命令。

单击【选择】→【色彩范围】命令，打开【色彩范围】对话框，如图2-32所示。

图2-32 【色彩范围】对话框

【色彩范围】对话框中的参数介绍如下。

- 选择(C)：在其下拉列表中可以选择所需的颜色范围，其中【取样颜色】选项表示用户可以用吸管工具在图像中吸取颜色，其余选项分别表示将图像中的各种颜色或色调选取出来，预设值如图2-33所示。
- 【颜色容差】参数：用于设置选取的颜色范围。此参数只能应用于选择【取样颜色】选项时，可以设置颜色容差来控制范围，类似于"魔棒工具"。值越大选择范围越大，值越小则反之。
- 【选择范围】单选按钮：预览由于对图像中的颜色进行取样而得到的选区。默认情况下，白色区域是选定的像素，黑色区域是未选定的像素，而灰色区域则是部分选定的像素（或称半透明选择）。
- 【图像】单选按钮：预览整个图像。例如，可能需要从不在屏幕上的一部分图像中取样。
- 【选区预览】下拉列表框中各选项介绍如下。
  - 【无】选项：显示原始图像。
  - 【灰度】选项：对全部选定的像素显示白色，对部分选定的像素显示灰色，对未选定的像素显示黑色。
  - 【黑色杂边】选项：对选定的像素显示原始图像，对未选定的像素显示黑色。此选项适用于明亮的图像。
  - 【白色杂边】选项：对选定的像素显示原始图像，对未选定的像素显示白色。此选项适用于暗图像。
  - 【快速蒙版】选项：将未选定的区域显示为与宝石红颜色叠加（或在【快速蒙版选项】对话框中指定的自定颜色）。
- 工具用于在预览图像窗口或图像窗口中选择取样的颜色，后面两个吸管工具分别用于对原有取样颜色范围的增加与减少。
- 反相(I)：该复选框用于实现选择区域与未选择区域之间的相互切换。

图2-33 下拉列表中的预设值

要在【选择范围】与【图像】单选按钮之间快速切换，可以在【色彩范围】对话框下按【Ctrl】键；如果对对话框中的参数设置不满意，要恢复成默认状态，可以按住【Alt】键，这时【取消】按钮会变成【复位】按钮，然后单击对应的按钮即可。

2.1.2 修改选区

用户在使用工具或菜单创建选区时，若创建好的选区不能满足要求，用户要对其进行编辑，主要的编辑操作有选区的增减、移动和变换等。

1. 移动选区

建立选区后，有时需要对选区的位置进行调整，那么我们一起来看一下具体调整的方法有哪些。

- 创建选区后，在没有切换工具前，将鼠标移动到选区上，鼠标会变成形状，如图2-34所示，按钮鼠标左键拖动即可移动选区，如图2-35所示。
- 使用方向键可以移动选区，默认按一次方向键移动1像素，如果按住【Shift】键的同时使用方向键，一次可以移动10个像素。

- 按下鼠标拖动时，按住【Shift】键不放可以使选区在水平、垂直或45°斜角方向移动。
- 按住【Ctrl+Alt】组合键的同时拖动选区，可以将选区内容复制一份。

图2-34 鼠标移动到选区上　　　　　图2-35 移动选区

2. 增减选区

创建选区后，除了工具选项栏中的增减选区按钮外，还可以使用键盘组合键来操作。

- 在图像中创建一个选区后，再按住【Shift】键，此时鼠标指针会变成┼形状，然后在其他位置绘制选区。此方法适用于选框工具组、套索工具组和魔棒工具组。
- 如果要将多的选区删除，可以按住【Alt】键。操作方法与使用【Shift】键一样，此时鼠标指针会变成┼形状。

3. 修改选区

在Photoshop CC 2018中创建选区后，可以通过【选择】菜单内的【修改】子菜单对选区进行修改。【修改】子菜单中主要包含【边界】、【平滑】、【扩展】、【收缩】和【羽化】命令。

- 【边界】命令：用于在选区边缘处同时向内外扩充，变成同心选区环。

建立选区后，执行【选择】→【修改】→【边界】命令，将弹出如图2-36所示的【边界选区】对话框。【宽度】文本框中的值用户可以根据情况自己定义，取值范围是1~200像素。

图2-36 【边界选区】对话框

单击【确定】按钮后，即可偏移选区边界。如图2-37所示为将宽度值设置为40像素时选区边界的效果。

图2-37 原图与修改边界后的效果对比

- 【平滑】命令：用于消除边缘的锯齿，使选区边缘变得连续与平滑。

创建选区后，执行【选择】→【修改】→【平滑】命令，将弹出如图2-38所示的【平滑选区】对话框。【取样半径】文本框的值用户可以根据情况自己定义，取值范围是1~500

像素。取样半径值越大，选区边界越平滑。设置完成后，单击【确定】按钮。

单击【确定】按钮后，即可将选区平滑处理。如图2-39所示为将取样半径值设置为80像素时选区平滑的效果。

图2-38 【平滑选区】对话框

图2-39 原图与选区平滑后的效果对比

【扩展】命令：可使选区的边缘扩大范围。

创建选区后，执行【选择】→【修改】→【扩展】命令，将弹出如图2-40所示的【扩展选区】对话框。【扩展量】文本框的值用户可以根据情况自己定义，取值范围是1～500像素。扩展量值越大，选区扩展得越多。

图2-40 【扩展选区】对话框

单击【确定】按钮后，即可扩展选区。如图2-41所示为将扩展量值设置为20像素时选区扩展的效果。

图2-41 原图和扩展选区后的效果对比

【收缩】命令：可使选区向内收缩，使得选区变小。与【扩展】命令相反。

创建选区后，执行【选择】→【修改】→【收缩】命令，将弹出如图2-42所示的【收缩选区】对话框。【收缩量】文本框的值用户可以根据情况自己定义，取值范围是1～500像素。收缩量值越大，选区收缩得越多。

图2-42 【收缩选区】对话框

单击【确定】按钮后，即可收缩选区。如图2-43所示为将收缩量值设置为40像素时选区收缩的效果。

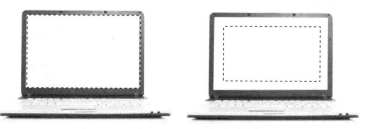

图2-43 原图与收缩选区后的效果对比

📷【羽化】命令：在工具选项栏中设置羽化值，可以影响将要创建的选区效果，对已经创建好的选区不产生任何影响。这时若要产生羽化效果，可以通过【羽化】命令来实施。

创建选区后，执行【选择】→【修改】→【羽化】命令或按【Shift+F6】组合键，将弹出如图2-44所示的【羽化选区】对话框。【羽化半径】文本框的值用户可以根据情况自己定义，取值范围是0.1~1000像素。羽化半径值越大，得到的边缘越柔和。

图2-44 【羽化选区】对话框

单击【确定】按钮后，即可羽化选区。如图2-45所示为将羽化半径值设置为10像素时选区羽化的效果。

图2-45 原图与羽化选区后的效果对比

设置羽化后，按【Ctrl+Shift+I】组合键将选区反选后，按【Alt+Delete】组合键或按【Ctrl+Delete】组合键可使效果更加明显，如图2-46所示。

图2-46 羽化前后对比

4. 变换选区

变换选区是对已经创建好的选区，再次进行设置，改变选区的外观来达到用户想要的效果。

创建好选区后，执行【选择】菜单下的【变换选区】命令，或右击，在弹出的快捷菜单中选择【变换选区】命令，选区的周围会出现一个带有控制柄的变换框，如图2-47所示。再单击鼠标右键，在弹出的快捷菜单中选择相应的变换命令即可操作，如图2-48所示。

图2-47 出现变换框　　　　　图2-48 弹出变换命令快捷菜单

5. 缩放选区

在快捷菜单中选择【缩放】命令后,将鼠标移到选区变换框边上或控制点上,当鼠标指针变成 、 、 或 形状时,按住鼠标左键拖动,即可对选区进行缩放操作如图2-49所示。

图2-49 缩放选区

 当鼠标指针变成 时,按住【Shift】键拖动鼠标可以按比例缩放选区,如图2-50所示。按住【Shift+Alt】组合键时,再拖动鼠标可以以中心点不变、按比例缩放选区,如图2-51所示。

图2-50 按比例缩放选区　　　图2-51 以中心不变、按比例缩放选区

6. 旋转选区

将鼠标指针放在变换框的外面,指针变成 形状时,按住鼠标左键拖动即可旋转方向。如图2-52所示。

图2-52 旋转选区

 如果想对选区快速指定90°或180°旋转,水平或垂直翻转,可以通过选择快捷菜单中的命令。

7. 斜切选区

在快捷菜单中选择【斜切】命令，可以对控制框进行倾斜变形。当鼠标指针移到变换框上，指针变成▶、▶或▶形状时，即可拖动鼠标对选区做斜切变形，如图2-53所示。

8. 扭曲选区

在快捷菜单中选择【扭曲】命令，鼠标指针放到变换框上，按住鼠标左键不放可进行任意变换，如图2-54所示。

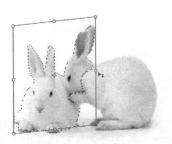 

图2-53　斜切选区效果　　　　　　图2-54　扭曲选区效果

9. 透视选区

在快捷菜单中选择【透视】命令，将鼠标指针指向变换框的4个角上的控制点，按住鼠标左键不放拖动即可对选区进行透视变形，如图2-55所示。拖动变换框上的控制点时，变换框会形成对称效果。

10. 变形选区

在快捷菜单中选择【变形】命令，变换框内会多出一些网格线，如图2-56所示。将鼠标指针移入网格内按下左键不放拖动，即可执行变形选区操作，如图2-57所示。鼠标指针放在变换框边上的控制点处，按住左键不放拖动，会出现调整控制柄，如图2-58所示。

图2-55　透视选区效果　　　　　　图2-56　变换框内有网格线

 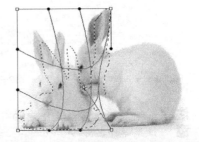

图2-57　内部拖动变换选区　　　　图2-58　调整控制柄的效果

对选区变形完成之后，不要忘记按【Enter】键或单击工具选项栏上的✓按钮，来确认当前操作。如果对操作不满意，可以按键盘上的【Esc】键或单击工具选项栏上的⊘按钮取消当前操作。

> 当选择【变换选区】命令后，在变换框中间会显示✧，这是变换框的中心点。在变换时，如果要改点这个中心点，将鼠标放在该标记上，当鼠标会变成▸时，按住左键不放拖动即可。如果图像太小，放在✧标记上而未出现上面所讲的鼠标指针▸时，可以按住【Alt】键再放在该标记上，即可改变其位置。

2.1.3 编辑选区

完成选区变换后，还可以对选区进行下一步的编辑，例如描边、填充等。下面来一起了解一下。

1. 描边选区

对选区的边缘进行描绘，为选区的边缘添加颜色和设置颜色的粗细。

选择【编辑】菜单下的【描边】命令，将弹出如图2-59所示的【描边】对话框。设置【宽度】、【颜色】等参数后，单击【确定】按钮即可。如图2-60所示为图像描边后的效果。

图2-59 【描边】对话框

图2-60 描边效果

【描边】对话框的具体参数介绍如下。

- 宽度(W)：1像素：设置描边线条的粗细程度，取值范围在1～250像素之间。
- 颜色：单击其右侧的颜色块可以打开【拾色器（描边颜色）】对话框，选择想要的颜色后单击【确定】按钮即可。如图2-61所示为【拾色器（描边颜色）】对话框。

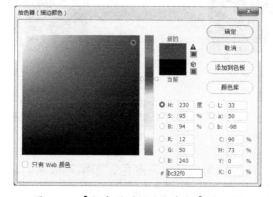

图2-61 【拾色器（描边颜色）】对话框

- 【位置】栏：设置描边时的位置。【内部】单选按钮表示在选区内侧进行描边操作，【居中】单选按钮表示以选区边框为中心进行描边，【居外】单选按钮表示在选区边框的外面描边。
- 【混合】栏：设置不透明度和颜色调和的一种方式。
- □ 保留透明区域(P)：勾选该复选框后，在描边时不影响原图层中的透明区域。

下面介绍一个简单的例子。

1. 新建一个透明图像，按照如图2-62所示设置对话框参数。
2. 在图像内绘制一个矩形选区后，按【Alt+Delete】组合键以前景色填充该选区，如图2-63所示为填充后的效果。
3. 再绘制一个椭圆选区，如图2-64所示。

图2-62 【新建】对话框

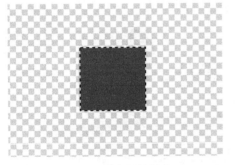

图2-63 填充后的效果

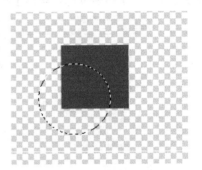

图2-64 绘制椭圆选区

4. 对椭圆进行描边操作，如图2-65所示，左图为取消勾选【保留透明区域】复选框的效果，右图为勾选【保留透明区域】复选框的效果。

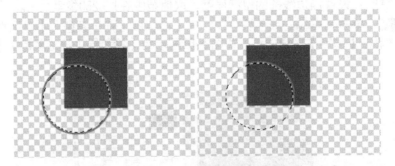

图2-65 勾选与未勾选【保留透明区域】复选框的效果对比

2. 填充选区

填充选区是指在创建选区后对内部填充颜色、图案等效果。填充的方法很多，可以用组合键也可能用菜单命令。下面简述一下操作。

使用组合键快速填充

在Photoshop CC 2018中，可以使用组合键为选区填充前景色与背景色。在工具箱中如图2-66所示的位置可以设置前景色与背景色。设置好颜色后，直接按【Alt+Delete】组合键可以在当前选区中快速填充前景色，直接按【Ctrl+Delete】组合键则快速填充背景色。

图2-66　设置前景色与背景色

使用【填充】命令填充选区

用户可以使用【填充】命令对选区填充颜色、图案等效果。

创建选区后，选择【编辑】菜单下的【填充】命令，或按【Shift+F5】组合键，打开【填充】对话框，如图2-67所示。

【填充】对话框中的具体参数介绍如下。

[图标] 内容：前景色　：可在右边的下拉列表框中选择填充选区的不同方式。其中，【前景色】选项表示用前景色填充；【背景色】选项表示用背景色填充；【颜色】选项表示用户可以自定义颜色，当选择【颜色】选项时，会弹出如图2-68所示的拾色器对话框，设置好颜色后单击【确定】按钮即可。【内容识别】选项是Photoshop CS6中的新增功能，使用附近的相似图像内容不留痕迹地填充选区。为获得最佳结果，请让创建的选区略微扩展到要复制的区域中（使用"快速套索工具"或选框工具通常已足够）。如图2-69所示为几秒钟让浓烟与烟囱消失。【图案】选项表示使用图案填充选区，选择此选区后，将激活【自定图案】下拉列表框，在其下拉列表中可以选择图层样式，如图2-70所示；【历史记录】选项表示使用【历史记录】面板中标有[图标]的图层填充，此选项只有在【历史记录】面板中设置了画笔源后才可用（不包括打开默认时的状态）；【黑色】选项表示用黑色填充选区；【50%灰色】选项表示使用灰色填充；【白色】选项表示用白色填充。

图2-67　【填充】对话框

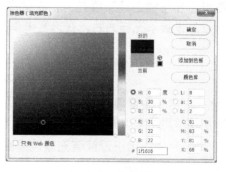

图2-68　拾色器

图2-69　"内容识别"填充前后对比

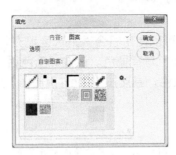

图2-70 【自定图案】面板

- 【混合】栏：用来设置填充的不透明度与颜色混合模式。
- 【保留透明区域】复选框：与【描边】对话框内同名按钮功能相似，不对透明区域进行操作。

使用"油漆桶工具"填充选区

通过"油漆桶工具"，可以用前景色或图案填充，它的着色范围取决于容差值的大小，如图2-71所示。

图2-71 填充前后效果对比

使用"油漆桶工具"填充时，先选择工具箱中的"油漆桶工具"，其工具选项栏如图2-72所示。设置填充样式后，在选区中单击即可填充。

图2-72 "油漆桶工具"的工具选项栏

- 前景 ：用于设置填充方式，设置为【前景】选项表示用前景色填充，设置为【图案】选项表示用图案填充。
- 模式：正常 ：用于设置填充颜色或图案后与正文图像的混合方法，在后面的章节中会详细介绍混合作用。
- 【不透明度】下拉列表框：设置填充时的不透明度效果。
- 【容差】文本框：设置填充的颜色范围，值越大，填充颜色范围越大。
- 【消除锯齿】复选框：可以去除填充后的锯齿边缘。
- 【连续的】复选框：将只填充连续的像素。
- 【所有图层】复选框：勾选复选框可以对所有可见的图层，取消勾选表示只对当前图层。

使用"渐变工具"填充

创建完选区后，除了可以用以上方法填充外，还可以使用渐变填充。下面介绍"渐变工具"的使用方法。

选择工具箱中的"渐变工具" ，在选区中拖动鼠标，将默认的前景色与背景色以渐变的方式填充，用户可以自定义颜色。

选择"渐变工具"后，其工具选项栏如图2-73所示。

图2-73 "渐变工具"的工具选项栏

用于设置渐变样式，可以单击右侧的下拉按钮 ，选择预设的渐变样式如图2-74所示。或者单击下拉按钮前面的【点按可编辑渐变】区域，弹出如图2-75所示【渐变编辑器】对话框，自定义渐变效果。

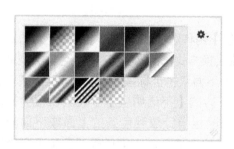

图2-74 渐变样式面板

图2-75 【渐变编辑器】对话框

表示渐变填充的5种不同方式。各种渐变方式如下。
- **线性渐变**：直线渐变从起点到终点。
- **径向渐变**：以圆形方向从起点到终点渐变。
- **角度渐变**：围绕起点以逆时针方式渐变。
- **对称渐变**：以中心方向为起点到两侧进行对称渐变。
- **菱形渐变**：以菱形方式从起点向外渐变，终点为菱形的一个角。

如图2-76所示为5种填充的不同效果。

【模式】下拉列表框：设置渐变和其他图层的混合方法。

【不透明度】下拉列表框：设置渐变的不透明度效果。

【反向】复选框：勾选该复选框后，可以反转渐变填充的颜色顺序。

【仿色】复选框：可以在较小的带宽下创建平滑的混合效果。

【透明区域】复选框：可对渐变填充使用透明蒙版。

用户除了可以使用自带的预设渐变样式填充图像外，当预设样式不能满足要求时，还可以自定义渐变样式。具体方法，选择"渐变工具"后，单击工具选项栏中的渐变色条 ，打开【渐变编辑器】对话框，如图2-75所示，其中的参数介绍如下。

【预设】栏：提供系统自带的渐变样式，用户可以自己选择其中任何一种样式。

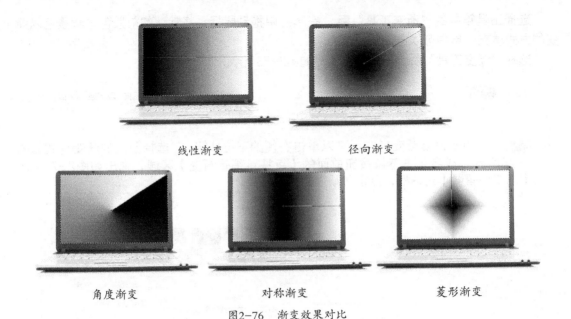

图2-76 渐变效果对比

- 【名称】文本框：显示当前样式的名称。
- 【渐变类型】下拉列表框：有【实底】与【杂色】两种选项，默认为【实底】选项。
- 【平滑度】下拉列表框：用来控制渐变中的色带转换方式，主要应用在"杂色"类型上。
- 渐变色条：显示当前的渐变样式效果，在色条的下面双击色标按钮，可以设置颜色。在色条的上面单击不透明度色标按钮，色条下方的【不透明度】下拉列表框会被激活，可以设置不透明度效果。当鼠标指针放到色条的上面或下面变成时，可以添加色标。将鼠标指针放在色标上按住左键不放，把色标从色条上向外拖出，松开鼠标时可以删除不想要的色标。
- 【不透明度】下拉列表框与【位置】文本框：用于设置不透明度色标的不透明度值与在色条上的精确位置。
- 【颜色】下拉列表框与【位置】文本框：用于设置色标的颜色与色标在色条上的精确位置。

存储与载入选区

当一个选区用了很长时间被创建出来，并希望在以后可以继续调用，提高工作进度，我们可以将选区存储后，在下次使用时载入。

具体操作如下。

1. 打开素材图片"computer01.jpg"并绘制好选区后，选择【选择】菜单下的【存储选区】命令，弹出如图2-77所示的【存储选区】对话框，设置完参数后单击【确定】按钮。

2. 打开另一张素材图片computer.jpg，并将这张图像拖曳到"computer01.jpg"图像上，选择【选择】菜单下的【载入选区】命令，弹出如图2-78所示的【载入选区】对话框。

3. 在【通道】中选择用户命名的选区名称后，单击【确定】按钮，如图2-79所示为载入的选区效果。

图2-77 【存储选区】对话框
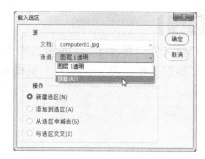
图2-78 【载入选区】对话框

图2-79 载入选区后效果

2.2 进阶——简单图像效果制作

为了能够让用户更好地掌握所学的知识点,下面用一个案例来加深理解。本节主要通过制作图像效果,来了解选区工具、描边及变换选区效果,并对图层样式进行简单设置。

最终效果

制作之前先看一下本案例的最终显示效果,如图2-80所示。

图2-80 最终效果图

解题思路

1. 使用选框工具。
2. 对选区变换后复制。
3. 添加描边效果。
4. 设置样式。

操作步骤

1. 打开素材文件"鸟.jpg",如图2-81所示。
2. 选择"矩形选框工具",从左上角向右下角绘制选区得到的效果如图2-82所示。

图2-81　素材文件"鸟.jpg"

图2-82　绘制选区的效果

3. 绘制选区后,保持选择"矩形选框工具",在视图中右击,在弹出的快捷菜单中选择【变换选区】命令,如图2-83所示。

4. 确认后(单击"对勾"按钮)变换后按【Ctrl+J】组合键复制选区内容,效果如图2-84所示。

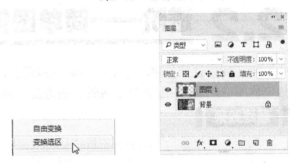

图2-83　选择【变换选区】命令　　图2-84　复制选区内容

5. 复制后选中【图层1】,单击【添加图层样式】按钮,添加【描边】图层样式,将"描边颜色"设置为白色,"描边大小"设置为10像素,"描边位置"设置为内部,效果如图2-85所示。

6. 为图层添加"投影"特效,并选择【背景】图层,按【Ctrl+J】组合键复制图层,选择【图像】→【调整】→【去色】命令,得到的效果如图2-86所示。

图2-85　添加描边效果

第2章 选区的创建与编辑

图2-86 去色后的效果

2.3 提高——制作空间的相册封面

本例主要通过制作相册封面来了解辅助线、选区工具、填充颜色、复制等知识。

最终效果

首先来看一下案例的最终效果，如图2-87所示。

图2-87 最终效果图

解题思路

1. 选区的创建。
2. 选区编辑。
3. 填充颜色。
4. 绘制图像。
5. 自由变换。

操作提示

1. 执行【文件】→【新建】命令，打开【新建】对话框，具体设置如图2-88所示，设置完成后单击【确定】按钮。

57

2. 通过【视图】→【标尺】命令显示标尺，并创建如图2-89所示的辅助线效果。

图2-88 【新建文档】对话框

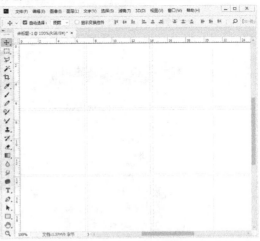

图2-89 辅助线设置

3. 打开素材"火焰.psd"文件，拖放到新建的图像文件上，如图2-90所示。

4. 将在辅助线内绘制选区，并新建一个图层，按【Alt+Delete】组合键对选区进行填充，如图2-91所示。

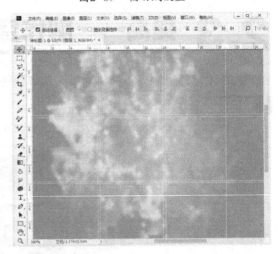

图2-90 将"火焰.psd"文件拖曳到背景上

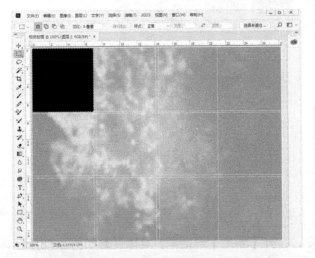

图2-91 创建选区与【图层】面板的效果

5 按【Ctrl+Alt+T】组合键,打开图形变换框,此时已经复制出来了一个图像,只不过是重叠状态,如图2-92所示。

6 使用"移动工具"将图像移到另一个辅助线框里,如图2-93所示。

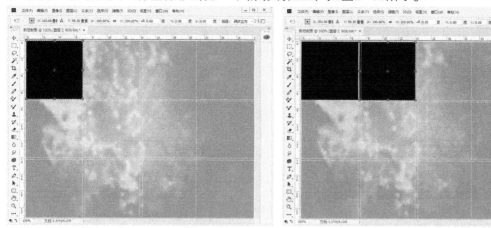

图2-92 变换框显示　　　　　　　　　　图2-93 移动变换框

7 设置完成后按【Enter】键确定,连续按【Ctrl+Alt+Shift+T】组合键依次进行复制,如图2-94所示。

8 按【Ctrl+D】组合键取消选区。重复4~6步的操作,只不过方向是向下的,如图2-95所示。

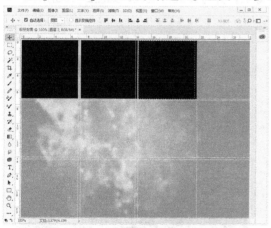 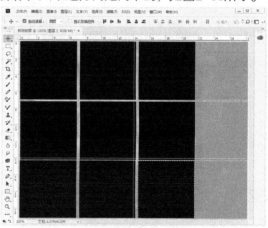

图2-94 再次复制图像　　　　　　　　　图2-95 垂直复制后的效果

9 按住【Ctrl】键选择所有复制出来的图层,然后按【Ctrl+E】组合键合并图层,如图2-96所示。将图层名称改为"图层2"。

10 对所有的图层按【Ctrl+T】组合键缩放整个画好的图像,如图2-97所示,按【Enter】键。

图2-96 图层合并前后对比

11 按【Ctrl】键单击【图层2】的缩略图得到选区，执行【选择】→【修改】→【平滑】命令，弹出【平滑选区】对话框进行设置，如图2-98所示。

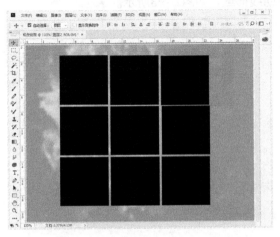

图2-97　整个图像变形后的效果　　　　　　　图2-98　【平滑选区】对话框

12 在选中的图形上右击，在弹出的快捷菜单中执行【选择反向】命令，按【Delete】键，得到如图2-99所示的圆角效果。

13 将"夜景.jpg"素材打开，拖曳到相册封面图像上，并对其进行变换，如图2-100所示。

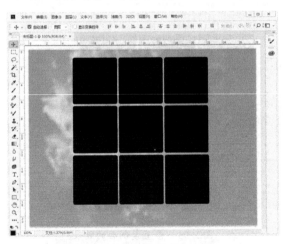

图2-99　图像圆角化后的效果　　　　　　　图2-100　拖曳图像后的效果

14 按【Ctrl】键单击【图层2】的缩略图得到选区，选择【选择】→【修改】→【收缩】命令，弹出【收缩选区】对话框进行设置，如图2-101所示。

15 单击【确定】按钮，按【Ctrl+J】组合键复制夜景图层，隐藏图层3的效果和【图层】面板如图2-102所示。

图2-101　【收缩选区】对话框

图2-102　载入选区复制图层

16 设置好后，图层背景色用户可以自己定义。按【Ctrl】键分别单击【图层4】与【图层2】，按【Ctrl+E】组合键，如图2-103所示。

图2-103　合并图层前后的效果

17 按【Ctrl】键单击【图层4】的缩略图得到选区后，使用之前介绍过的【从选区减去】工具，将多余的选区减去后，再按【Ctrl+T】组合键进行变换，如图2-104所示。

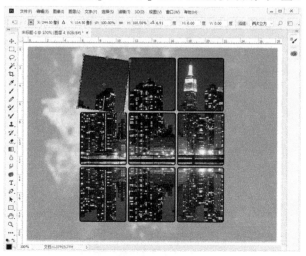

图2-104　变换图像效果

18 设置所有的变换图像后,将"文字.psd"素材拖放到图像内,得到最终的效果如图2-87所示。

2.4 答疑与技巧

问:如何很好地绘制选区的大小、形状和位置?

通常我们会在错误的位置绘制选区后,发现选区的大小并未包含用户定义的区域,可以在绘制时左键拖曳未松开时,按住空格键移动选区指定的起点位置;或者想对绘制好的选区进行扩大或变形时,可以在选择选框工具的前提下在视图区中右击,在弹出的快捷菜单中选择【变换选区】命令。

问:如何在绘制选区的过程中进行加减选区的操作?

编辑时,很多初学用户会多选或少选选区,我们可以通过工具选项栏来进行选区加减运算,还可以在绘制时按快捷键操作。绘制选区后,按【Shift】键绘制选区为加选,按【Alt】键为减选,按【Alt+Shift】组合键为交选。

问:如何让羽化效果变得更加直观?

绘制选区后,单击工具选项栏上的【选择并遮住】按钮,在这里设置羽化效果比通过菜单设置羽化效果更直观。

结束语

本章主要学习了Photoshop CC 2018中的选框工具与颜色填充工具。通过本章的学习,读者可以对图像进行简单的抠图修改与效果处理。

Chapter 3

第3章
图像的修饰与处理

本章要点

入门——基本概念与基本操作
- 画笔工具组
- 修复工具组
- 仿制图章工具组
- 历史记录工具组
- 橡皮擦工具组
- 模糊工具组
- 减淡工具组

进阶——典型实例
- 门票绘制
- 只要青春不要痘

提高——自己动手练
- 人像照片"染发"

答疑与技巧

本章导读

Photoshop CC 2018的修饰、修复工具主要是以局部为单位，对图像进行纠正与修复，以达到令人满意的效果。本章主要介绍绘制类工具（如修复工具组、图章工具组、橡皮擦工具组等）的使用技巧，掌握相关知识后，读者可以为图像制作一些特殊效果，并可以对效果不太满意的图像进行处理。

3.1 入门——基本概念与基本操作

本节主要讲解位图修饰、修复与绘制工具的使用。掌握了这些知识，读者就可以在 Photoshop CC 2018中进行最基本的图像绘制与图像修饰、修复了。

3.1.1 绘制图像

在Photoshop CC 2018的工具箱中集合了多个图像绘制工具组，主要包括画笔工具组和形状工具组等。下面详细介绍各工具的使用方法与技巧。

1. 画笔工具组

画笔工具组包含"画笔工具" 、"铅笔工具" 、"颜色替换工具" 、"混合器画笔工具" 。"画笔工具"和"铅笔工具"的绘制方法是相似的，都是用前景色在图像上绘制。"画笔工具"可创建柔和、坚硬、随机的笔触效果；而铅笔工具可创建随机的笔触效果，但只能是边缘坚硬的效果；"颜色替换工具"对选定的颜色进行替换；"混合器画笔工具"可以模拟真实的绘画技术，如混合画布上的颜色、组合画笔上的颜色及在描边过程中使用不同的绘画湿度。

下面简单介绍一下4种工具的使用方法。

"画笔工具"主要绘制图像，以模拟现实生活中的笔刷，还可以绘制出复杂的图像，产生更精美的效果。

选择"画笔工具"，在其工具选项栏中设置参数后，在绘图区单击鼠标或拖动鼠标，可绘制出图案。

单击"画笔工具"的按钮，其工具选项栏如图3-1所示。

图3-1 "画笔工具"的工具选项栏

- ：设置画笔样式和画笔大小。
- ：单击此按钮可以调出【画笔设置】面板。
- 【模式】下拉列表框：设置"画笔工具"对当前图像中像素的混合作用。
- 【不透明度】数值框：设置画笔颜色的不透明度，值越大颜色越深，值小则反之。读者可以直接在输入框中输入数值，也可以单击右侧的下拉按钮，在弹出的滚动条上拖动滑块。
- 【流量】数值框：设置画笔的压力程序，值越小，画笔笔触越淡。
- ：绘制板压力控制大小，覆盖画笔面板的设置。
- ：单击可以启用喷枪功能。

Photoshop CC 2018中提供了很多的画笔样式，不同的样式会得到不同效果图像。选择"画笔工具"后，单击工具选项栏中 右侧的下拉按钮，可以打开画笔预设选取器，如图3-2所示。

其中各部分的作用如下。

- 【大小】参数：用来设置画笔笔触的大小，可以通过直

图3-2 画笔预设选取器

接输入数值或拖动滑块设置画笔的大小。

【硬度】参数：设置画笔边缘的柔化效果，可以通过直接输入数值或拖动滑块设置画笔的柔化程度。如图3-3所示，画笔直径为30px，【硬度】分别为100%、50%、0%。

【硬度】下面是画笔样式列表框，在这里可以选择需要的画笔样式。单击面板右侧的按钮 ，在弹出的下拉菜单中可以更改画笔列表框的显示模式，也可以重命名画笔、导入画笔等。如图3-4所示。在菜单中选择【旧版画笔】命令后会弹出询问提示框，如图3-5所示。单击【确定】按钮后，结果如图3-6和图3-7所示。

选择"画笔工具"后，单击工具选项栏上的 ，弹出的【画笔设置】面板如图3-8所示。

图3-3　不同硬度值绘制后的效果

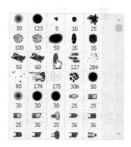

图3-4　面板菜单　　图3-5　询问框　　图3-6　旧版的其他画笔模式（1）

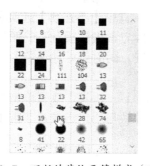

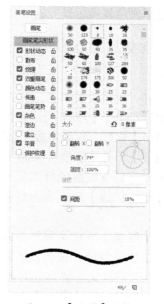

图3-7　旧版的其他画笔样式（2）　　　　图3-8　【画笔】面板

注意：很多新手在【画笔设置】面板的【画笔笔尖形状】列表区进行画笔设置时，注意会直接选择样式。这时的效果还是原有面板参数，此时可以通过调整样式下方的滑块，或在【大小】文本框中输入值。面板参数才会随之改变，才能随心所欲地调整参数。

图3-9所示为设置画笔【间距】参数后绘制的邮票效果。

图3-9 绘制邮票边缘效果

 应用"画笔工具"绘制直线时，可以按住【Shift】键的同时再拖动绘制，即按住【Shift】键单击起点后，再找到终点单击也可以绘制直线。在"画笔工具"状态下按住【Ctrl】键可以切换到移动工具，按住【Alt】键可快速切换到"吸管工具"。

"铅笔工具"常用于绘制边缘比较生硬的图像，用于绘制直线与曲线。其工具选项栏与"画笔工具"的基本相似，不同的是提供了一个【自动抹除】复选框。勾选该复选框后，用户在绘制当前图像时，当前图像中的颜色与前景色相同时会用背景色填充。

"颜色替换工具"能够简化图像中特定颜色的替换。可以使用校正颜色在目标颜色上绘画。"颜色替换工具"不适用于位图、索引色或多通道颜色模式的图像。

单击"颜色替换工具"的按钮，其工具选项栏如图3-10所示。

图3-10 "颜色替换工具"的工具选项栏

：用来设置颜色取样的模式。单击【取样：连续】按钮后拖动鼠标时，对颜色连续取样；单击【取样：一次】按钮只替换包含用户第一次单击的颜色的区域中的目标颜色；单击【取样：背景色板】按钮只替换包含当前背景色的区域。

【限制】下拉列表框：该其下拉列表中包含了3个选项，其中【不连续】选项表示替换出现在指针下任何位置的样本颜色；【连续】选项表示替换与紧挨在指针下的颜色邻近的颜色；【查找边缘】选项表示替换包含样本颜色的连接区域，同时更好地保留形状边缘的锐化程度。

对于【容差】下拉列表框，输入一个百分比值（范围为1%~100%）或者单击右侧下拉按钮并通过拖动滑块可进行设置。选取较低的百分比可以替换与所单击像素非常相似的颜色，而增加该百分比可替换范围更广的颜色。

要为所校正的区域定义平滑的边缘，请勾选【消除锯齿】复选框。

如图3-11所示，为替换前与替换后的图像对比。

"混合器画笔工具"混合器画笔有两个绘画色管（一个储槽和一个拾取器）。储槽存储最终应用于画布的颜色，并且具有较多的油彩容量。拾取色管接收来自画布的油彩，其内容与画布颜色是连续混合的。选择"混合器画笔工具"后其工具选项栏如图3-12所示。

图3-11　图像颜色替换前与后对比

图3-12　"混合器画笔工具"的工具选项栏

- 单击【每次描边后载入画笔】按钮：使用储槽颜色填充画笔。
- 单击【每次描边后清理画笔】按钮：移去画笔中的油彩。
- 【潮湿】下拉列表框：控制画笔从画布拾取的油彩量。较高的设置会产生较长的绘画条痕。如图3-13所示潮湿值分别为0%与100%。

图3-13　潮湿值分别为0%与100%的效果

- 【载入】下拉列表框：指定储槽中载入的油彩量。载入速率较低时，绘画描边干燥的速度会更快。如图3-14所示，载入值分别为1%与100%。

图3-14　载入值分别为1%与100%的效果

- 【混合】下拉列表框：控制画布油彩量同储槽油彩量的比例。比例为100%时，将从画布中拾取所有油彩；比例为0%时，所有油彩都来自储槽（不过，潮湿设置仍然会决定油彩在画布上的混合方式）。
- 【对所有图层取样】复选框：取所有可见图层中的画布颜色。

2. 修饰修复图像工具组

Photoshop CC 2018不仅可以绘制图像，更为强大的功能是对图像进行修饰处理。在实际工作时，绘制与搜集图像素材往往不能直接满足用户需求，得到必须要经过一定的修饰与修复处理后才能满足要求。Photoshop CC 2018工具箱中也提供了一系列图像修饰与修复的工具组。包括修复画笔工具组、图章工具组、历史记录画笔工具组、橡皮擦工具组、模糊工具组和减淡工具组。

1）修复画笔工具组如图3-15所示，包含"污点修复画笔工具"、"修复画笔工具"、"修补工具"和"红眼工具"等。

"污点修复画笔工具"可以快速移去照片中的污点和其他不理想部分，此工具为自动从图像所修饰的区域周围取样。因此只

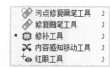

图3-15　修复画笔工具组

需要在修复的污点上单击即可。如图3-16所示为修复前与修复后的效果。

图3-16　修复前后的效果

"修复画笔工具"可用于校正瑕疵，使它们消失在周围的图像中。使用"修复画笔工具"可以利用图像或图案中的样本像素来绘画。但是，"修复画笔工具"还可将样本像素的纹理、光照、透明度和阴影与所修复的像素进行匹配。从而使修复后的像素不留痕迹地融入图像的其余部分。修复时可通过将指针定位在图像区域的上方，然后按住【Alt】键并单击来设置取样点，然后再单击要修复的图像即可。

 注意　如果要从一幅图像中取样并应用到另一幅图像，则这两个图像的颜色模式必须相同，除非其中一幅图像处于灰度模式。

通过使用"修补工具"，可以用其他区域或图案中的像素来修复选中的区域。像"修复画笔工具"一样，"修补工具"会将样本像素的纹理、光照和阴影与源像素进行匹配。另外，还可以使用"修补工具"来仿制图像的隔离区域。"修补工具"可处理8位/通道或16位/通道的图像。具体操作如下面实例。

1. 打开素材文件夹里面名为"风景"的图像后，如图3-17所示。单击"修补工具"的按钮，选中其工具选项栏中的【源】单选按钮。
2. 单击拖动鼠标选择要修补的区域，如图3-18所示。
3. 将选区拖放到图像另一处与之相似之处，如图3-19所示。释放鼠标键后，即可看到图像被修饰后的效果，如图3-20所示。美丽的风景再现了。

图3-17　"风景"源图像　　　　　图3-18　用"修补工具"选择要修补的区域

图3-19　拖动到相似位置　　　　　图3-20　修复后的效果

"红眼工具"可以去除人物或动物在闪光灯照片中的红眼。"红眼工具"操作起来也是非常容易,选择工具后在其工具选项栏上设置瞳孔大小与变暗量,然后在需要修复的位置单击,如图3-21所示为修复红眼前后的效果对比。

图3-21　修复红眼的前后对比

2)图章工具组如图3-22所示,分别包含"仿制图章工具"、"图案图章工具"。

图3-22　图章工具组

"仿制图章工具"可用于将图像的一部分绘制到同一图像的另一部分,或绘制到具有相同颜色模式的任何打开的文档的另一部分。也可以将一个图层的一部分绘制到另一个图层。"仿制图章工具"对于复制对象或移去图像中的缺陷很有用。具体操作方法同"修复画笔工具",如图3-23所示。

图3-23　仿制后多了一些小鸟

"图案图章工具"可使用图案进行绘画,可以从图案库中选择图案或者自己创建图案。选择工具后单击工具选项栏"图案"拾色器下拉按钮,弹出如图3-24所示的面板。从面板中选择一个图案,在图像中拖动以使用选定图案进行绘画。

3)历史记录画笔工具组如图3-25所示,分别包含"历史记录画笔工具"、"历史记录艺术画笔工具"。

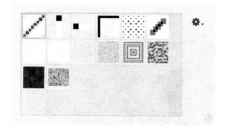

图3-24　图案样式面板　　　　　　图3-25　历史记录画笔工具组

"历史记录画笔工具"应用于局部恢复图像,此工具要配合【历史记录】面板使用。恢复图像时必须要明确两点:第一,图像要在哪个基础上还原;第二,图像要还原到哪个状态。这两点都必须在【历史记录】面板中确定,具体实例操作如下。

1. 打开素材文件夹里面的"足球.jpg"文件,执行【滤镜】→【模糊】→【径向模糊】命令,打开【径向模糊】对话框,如图3-26所示。
2. 设置好对话框参数后,单击【确定】按钮,创建的效果如图3-27所示。

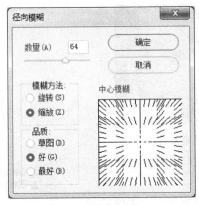

图3-26 【径向模糊】对话框

图3-27 应用模糊滤镜后的效果

3. 在【历史记录】面板中会看到当前制作的步骤,如图3-28所示。
4. ✐图标出现在【历史记录】面板的哪个位置,就表示此位置记录的内容,鼠标移上去会显示"设置历史记录画笔的源"文字信息。在"打开"前面单击,此图标会自动移上去,如图3-29所示。

图3-28 【历史记录】面板记录

图3-29 在"打开"位置上指定

5. 应用"历史记录画笔工具",在图像上方涂抹,图像还原前后对比效果如图3-30所示。

图3-30 图像涂抹前后效果对比

"历史记录艺术画笔工具"使用指定历史记录状态或快照中的源数据,以风格化描边进行绘画。通过尝试使用不同的绘画样式、大小和容差参数,可以用不同的色彩和艺术风格模拟绘画的纹理。如图3-31所示,分别为原图、小画笔、大画笔绘制的艺术效果。

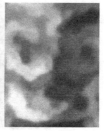

图 3-31　使用不同艺术画笔的效果对比

4）橡皮擦工具组，如图3-32所示，分别包含"橡皮擦工具"、"背景橡皮擦工具"、"魔术橡皮擦工具"。

"橡皮擦工具"可将像素更改为背景色或透明。如果正在背景中或已锁定透明度的图层中工作，像素将更改为背景色；否则，像素将被抹成透明色，如图3-33所示。

图 3-32　橡皮擦工具组

"背景橡皮擦工具"可在拖动时将图层上的背景像素抹成透明色，从而在抹除背景的同时在前景中保留对象的边缘。通过指定不同的取样和容差参数，可以控制透明度的范围和边界的锐化程度，如图3-34所示。

图3-33　应用橡皮擦前后效果对比　　　图 3-34　应用"背景橡皮擦工具"前后效果对比

用"魔术橡皮擦工具"，在图层中单击时，该工具会将所有相似的像素更改为透明色。如果在已锁定透明度的图层中工作，这些像素将更改为背景色。如果在背景中单击，则将背景转换为图层并将所有相似的像素更改为透明色，如图3-35所示。

图3-35　应用"魔术橡皮擦工具"前后效果对比

5）模糊工具组，如图3-36所示，分别包括"模糊工具"、"锐化工具"、"涂抹工具"。

"模糊工具"可柔化硬边缘或减少图像中的细节。使用此工具在某个区域上方绘制的次数越多，该区域就越模糊。主要应用于局部模糊，如图3-37所示。其他的模糊类型可以使用【滤镜】菜单中的命令。

图 3-36　模糊工具组

图3-37 应用"模糊工具"后的效果（见彩插）

"锐化工具" △.用于增加边缘的对比度以增强外观上的锐化程度。用此工具在某个区域上方绘制的次数越多，增强的锐化效果就越明显，如图3-38所示。

图3-38 锐化前后对比（见彩插）

"涂抹工具" 模拟将手指拖过湿油漆时所看到的效果。该工具可拾取描边开始位置的颜色，并沿拖动的方向展开这种颜色，如图3-39所示。

6）减淡工具组，如图3-40所示。包含"减淡工具"、"加深工具"、"海绵工具"。

图3-39 涂抹前后效果对比　　　　图3-40 减淡工具组

"减淡工具" 与"加深工具" 基于调节照片特定区域的曝光度的传统摄影技术，可用于使图像区域变亮或变暗。摄影师可遮挡光线以使照片中的某个区域变亮（减淡），或增加曝光度以使照片中的某些区域变暗（加深）。用"减淡工具"或"加深工具"在某个区域上方绘制的次数越多，该区域就会变得越亮或越暗。如图3-41与图3-42所示分别为应用减淡与加深的效果。

图3-41 原图与减淡后的对比效果（见彩插）

第3章　图像的修饰与处理

图3-42　原图与加深后的对比效果（见彩插）

 注意　"减淡工具"和"加深工具"的工具选项栏中的【范围】下拉列表框中包含了3个选项，分别是【中间调】、【阴影】和【高光】选项。其中，【中间调】选项更改灰色的中间范围，【阴影】选项更改暗区域，【高光】选项更改亮区域。

"海绵工具"　　可精确地更改区域的色彩饱和度。当图像处于灰度模式时，该工具通过使灰阶远离或靠近中间灰色来增加或降低对比度，如图3-43所示。

图3-43　原图与应用降低饱和度后的对比（见彩插）

 注意　"海绵工具"的工具选项栏中的【模式】下拉列表框中包含了2个选项，分别为【加色】和【去色】选项。其中，【加色】选项增加颜色饱和度，【去色】选项减少颜色饱和度。

3.1.2　图像编辑

用Photoshop CC 2018处理图像时，可以根据需要对图像进行编辑处理，包括图像选择、移动和图像的变换等。通过改变图像的形状及外观来满足用户的需要。

1．选择图像

在图像处理过程中，选择图像是最基本的操作。在Photoshop CC 2018中，选择图像有很多方法，应用最多的是用【图层】面板和"移动工具"　　来进行选择。

- **通过【图层】面板**：在图像创建过程中，一般将不同的对象放在不同的图层上。在【图层】面板中，当前层用灰色显示，表示当前的所有操作只应用于这个图层；如果要对其他图层进行编辑，则要选择相应的图层，使其成为当前层。
- **通过"移动工具"选择对象**：同一图层的不同对象移动时，要用选框工具选择。不同图层的图像要移动时，单击对应图层或按住【Ctrl】键选择对应的图像后，松开【Ctrl】键再用"移动工具"拖动。

73

2. 移动图像

在Photoshop CC 2018中处理图像时，常常会根据需要移动图像，那么在Photoshop CC 2018中移动通常被分为两种状态：整体移动和局部移动。

- **整体移动**：是指将整个图像从一个位置移动到另一个位置。操作方法为：选择"移动工具"，在需要移动的图像上按住鼠标左键不放拖动到目标位置后释放即可。在Photoshop CC 2018中要在两个不同的文件中移动图像时，先要将图像拖放到选项卡上，如图3-44所示，等到对应选项卡里面的内容显示出来，再移动指针到工作区后方可松开鼠标。

要拖动到这个上面

图3-44　整体移动时要用鼠标拖动图像到选项卡上

- **局部移动**：将图像的一部分进行移动。移动图像前，要用选框工具选中相应的图像后，再用"移动工具"将其移动到目标位置，如果要移到不同的文件中，操作方法同整体移动一样。

3. 复制与粘贴图像

复制图像是指为整个图像或图像的部分区域创建副本，将其粘贴到其他的图像或图层中。在Photoshop CC 2018中复制方法很多，因为篇幅关系，下面列出3种常用的。

- **用快捷键复制**：选择"移动工具"后，按住【Alt】键拖曳就可以创建副本，或者直接按【Ctrl+J】复制图层。
- **用菜单命令复制**：前提是要先建立选区，然后执行【编辑】→【拷贝】命令，将图像复制，选中其他图层或文件，执行【编辑】→【粘贴】命令完成复制。
- **用【图层】面板复制**：将图层的内容复制到同一个窗口后，使用【图层】面板也是非常方便的。选中想要复制的图层，将其拖到面板底部的【创建新图层】按钮上就可以了，如图3-45所示。

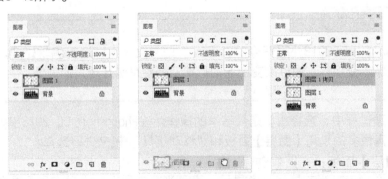

图3-45　用【图层】面板复制

4. 变换图像

对指定的图像进行旋转、扭曲、缩放、斜切、透视和变形等操作。保证是图层时才可以执行【编辑】→【变换】命令或按快捷键【Ctrl+T】。图像周围会出现变换框，如图3-46所示。调整完成后按【Enter】键确认变换，按【Esc】键取消变换。如果是【背景】图层要变换，要使【背景】图层变为普通图层，弹出的对话框如图3-47所示。

图3-46　图像周围出现变换框

图3-47　【背景】图层变成普通图层时弹出的提示对话框

3.2　进阶——典型实例

介绍了基本工具的操作之后，我们以案例来加强用户的操作能力，让工具的使用更加灵活，图像效果更加完美。

3.2.1　门票绘制

本节介绍门票的绘制效果，通过自由变换命令、对图像进行修饰修复，并对图层进行效果叠加。

最终效果

首先来看一下制作的门票效果，如图3-48所示。

图3-48　门票效果

解题思路

1　不同窗口文件的移动。
2　选框工具的使用。

3 图像自由变换。
4 图层的叠加效果。
5 "画笔工具"的使用。
6 图层合并。

操作步骤

1 新建一个文件,"宽度"为12厘米,"高度"为20厘米,"分辨率"为150像素/英寸,如图3-49所示。

图3-49 图像文件设置参数

2 设置好如图3-50所示的辅助线效果。

图3-50 网格布线(辅助线)效果

3 将素材中相应部分抠选出来后放入网格中的每个矩形里面,效果如图3-51所示。

第3章 图像的修饰与处理

图3-51 图像效果与【图层】面板

4 效果设置好后，选择除【背景】图层以外的所有图层，即单击【背景】图层上面第一个图层，然后按住【Shift】键同时选择【背景】图层上面的最后一个图层。通过【图层】→【合并图层】命令或按【Ctrl+E】组合键，合并图层，【图层】面板效果如图3-52所示。

5 再新建一个图层，并将新建的图层填充为橙色，颜色值为R（255）、G（163）、B（25）。得到的效果与【图层】面板如图3-53所示。

图3-52 【图层】面板效果

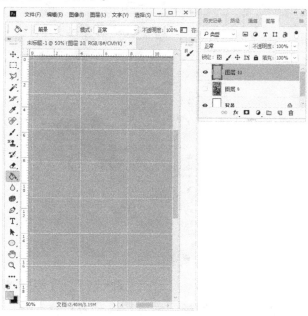

图3-53 填充效果与【图层】面板

6 接下来选择正在射门的球员，进行抠图后将其拖动到图像中，并将球员图层的"不透明度"设置80%。如图3-54所示。

77

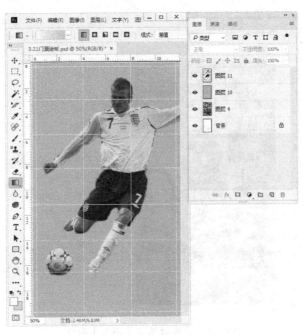

图3-54 插入球员图像与【图层】面板

7 将【图层9】与【图层10】调换一下位置,将【图层9】的混合模式设置为【叠加】模式,如图3-55所示。

图3-55 为图层设置叠加效果

8 新建图层,绘制椭圆后将其填充为粉色,对应颜色值为R(255)、G(150)、B(212)。再新建一个图层,绘制一个椭圆后将其填充为白色,如图3-56所示。

9 绘制好后,打开"文字.psd"素材文件,将对应的文字拖曳到指定的位置上,并对其进行排版,用户可以自己定义,如图3-57所示。

第3章 图像的修饰与处理

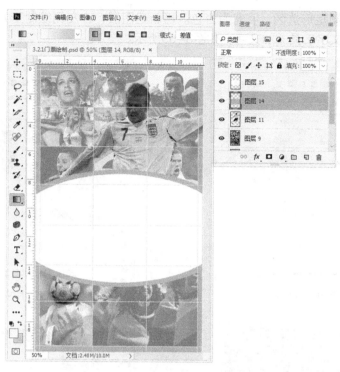

图3-56 绘制椭圆后为其填充颜色

图3-57 添加文字

10 新建一个图层，然后使用"画笔工具"，设置好画笔的样式后绘制，绘制效果如图3-58所示。

11 新建图层，绘制矩形选区，填充为白色。再新建图层，在左侧绘制正方形选区并将其填充为粉色。用文字工具添加文字，如图3-59所示。

图3-58　画笔绘制直线　　　　　　　　图3-59　填充颜色后（见彩插）

12 将"文字.psd"文件中的部分文字移入指定部分，最终效果如图3-48所示。

3.2.2　只要青春不要痘

此案例主要针对一些爱美的男士与女士们，对自己照片中脸上多余的黑痣与青春痘比较烦恼时，可用Photoshop CC 2018的修复工具来清除这些烦恼。

最终效果

最终处理后的效果如图3-60所示。

图3-60　最终效果

第3章 图像的修饰与处理

解题思路

1. 使用修复工具。
2. 新建图层。
3. 使用修补工具。

操作步骤

1. 打开素材文件"女孩.jpg",如图3-61所示。
2. 新建图层,选择"污点修复画笔工具"并在工具选项栏中勾选【对所有图层取样】复选框,效果如图3-62所示。

图3-61 素材原文件

图3-62 【图层】面板与工具选项栏效果

 注意 这样操作的原因是不会破坏原图,方便后面修改。

3. 对指定的区域涂抹,如图3-63所示。

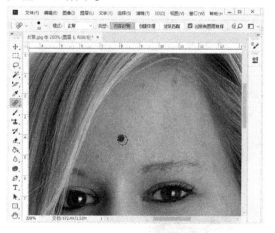

图3-63 涂抹中

4. 修复后得到的效果如图3-60所示。

3.3 提高——给人像照片"染发"

很多时候,想改变自己照片的头发颜色,来张显自己的个性与非主流效果,用户可以动手制作一下。

最终效果

将头发染好色的效果如图3-64所示。

图3-64 最终效果

解题思路

1. 应用快速蒙版。
2. 使用"画笔工具"。
3. 复制图层。
4. "调整"菜单。
5. 图层模式。

操作提示

1. 打开素材文件"职场女性.jpg",按一下键盘上的【Q】键打开蒙版,用画笔工具在人物头发上随意绘制,如图3-65所示效果。

图3-65 绘制蒙版效果

第3章　图像的修饰与处理

2 绘制后再按一下【Q】键，选择【选择】→【反选】命令，并按【Ctrl+J】组合键复制图层，效果如图3-66所示。

图3-66　复制图层效果

3 并对复制的图层设置颜色效果，选择【图像】→【调整】→【色相/饱和度】命令，设置颜色后，将图层的混合模式设置为【柔光】模式，如图3-67所示。

图3-67　图像上色效果（见彩插）

4 以同样的方式，对其他区域调色，得到的最终效果如图3-64所示。

3.4　答疑与技巧

问：Photoshop CC 2018中控制画笔大小的快捷键都是一样的吗？
是的，都是用中括号来控制大小的。左中括号缩小画笔，右中括号放大画笔。
问：定义画笔与定义图案有什么区别？
图案只能是矩形选区定义，而画笔可以在任意选区定义。除此之外，图案定义后仍然是彩色效果显示,而画笔定义后为灰度图像,定义时会将白色变为透明效果。

问:为什么无论画笔怎么放大缩小,显示时却是一个十字光标?

两种原因,检查一下自己的【CapsLock】灯是否是打开状态,如果是打开状态,将其关闭就可以了;还有一种是在Photoshop CC 2018中执行【编辑】→【首选项】→【光标】命令,看在打开的对话框中是否选中了【正常画笔笔尖】单选按钮,如果未选中更改即可。

问:修复工具与"仿制图章工具"的使用方法一样吗?该怎么使用?

是一样的,都是在使用前按【Alt】键单击取样点,然后松开【Alt】键再修复的区域单击即可。

结束语

通过本章的学习,使读者掌握了修饰画笔的应用技巧与功能,主要是对图像局部进行修复修饰,修复画笔工具组是非常强大的。

Chapter 4

第4章
色彩与色调调整

本章要点

入门——基本概念与基本操作
- 了解颜色的基础概念
- 认识【直方图】面板
- 学用图像调整菜单命令

进阶——典型实例
- 制作复古效果

提高——自己动手练
- 将暖色照片改成冷色照片

答疑与技巧

本章导读

了解如何创建颜色及如何将颜色相互关联,这样可让我们在Photoshop CC 2018中更有效率地工作。了解了基本颜色理论,将能够生成确定的结果,而不是偶然获得某种效果。

4.1 入门——基本概念与基本操作

4.1.1 颜色的基础知识

首先来认识光的不同模式及对应的不同媒介。

1. 原色

加色模式为原色的3种色光（红色、绿色和蓝色），如图4-1所示。当按照不同的组合将这3种色光添加在一起时，可以生成可见色谱中的所有颜色。添加等量的红色、蓝色和绿色可以生成白色光，完全缺少红色、蓝色和绿色将导致生成黑色。计算机的显示器是使用原色加色来创建颜色的设备。

2. 颜料色

它是指一些颜料，当按照不同的组合将这些颜料添加在一起时，可以创建一个色谱。与显示器不同，打印机使用原色减色（青色、洋红色、黄色和黑色颜料）并通过减色混合来生成颜色。使用"减色"这个术语是因为，这些原色都是纯色，将它们混合在一起后生成的颜色都是原色的不纯版本，如图4-2所示。

3. 色彩的基本属性

色彩基本属性有3个，分别是色调（Hue）、明度（Brightness）和饱和度（Saturation）。

色调（H）也称色相，泛指色彩的"相貌"，反射自物体或投射自物体的颜色。在0°到360°的标准色轮上，按位置度量色相。在通常的使用中，色相由颜色名称标识，如红色、橙色或绿色，如图4-3所示。

饱和度（S）用于体现颜色的强度或纯度（有时称为色度）。饱和度表示色相中灰色分量所占的比例，它使用从0%（灰色）至100%（完全饱和）的百分比来度量。在标准色轮上，饱和度从中心到边缘递增，如图4-3所示。

亮度（B）是指颜色的相对明暗程度，通常使用从0%（黑色）至100%（白色）的百分比来度量。

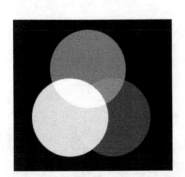
图4-1 光原色加色效果

图4-2 颜料原色减色效果

图4-3 色调的表示图

4. 色彩对比

虚与实、明与暗、动与静、高与低、胖与瘦等这些意义都是靠对比来实现的。单独的事物存在是无意义的，同样色彩也有对比，对比包括如下几个方面。
- **色相对比**：指各颜色因色相差别而形成的对比，色相对比的强弱可以用色彩的色相环上的距离来表示。其中，距离180°的互补色是对比最强的色相组合。
- **饱和度对比**：指将不同饱和度的颜色并置，因纯度差异而形成鲜艳的颜色或浑浊的颜色等。
- **明度对比**：指色彩明暗程度的对比。

4.1.2 认识【直方图】面板

直方图用图形表示图像的每个亮度级别的像素数量，展示像素在图像中的分布情况。直方图显示阴影中的细节（在直方图的左侧部分显示）、中间调（在中部显示）及高光（在右侧部分显示）。直方图可以帮助我们确定某个图像是否有足够的细节来进行良好的校正。

执行【窗口】→【直方图】命令，可以打开【直方图】面板，如图4-4所示。

默认情况下，【直方图】面板以紧凑模式显示。如图4-4所示，可以单击【直方图】面板右上角 图标，在打开的面板菜单中选择【直方图】面板的显示方式，如图4-5所示。

图4-4 【直方图】面板

图4-5 【直方图】面板的3种模式

扩展视图如图4-6所示，显示有统计数据的直方图，同时显示用于选取由直方图表示的通道的控件、查看【直方图】面板中的参数、刷新直方图以显示未高速缓存的数据，以及在多图层文档中选取特定图层。

全部通道视图如图4-7所示，除了扩展视图的所有参数外，还显示各个通道的单个直方图。单个直方图不包括Alpha通道、专色通道或蒙版。

图4-6 【直方图】面板扩展视图模式

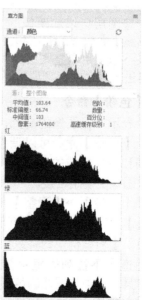

图4-7 【直方图】面板全部通道视图模式

下面介绍直方图各参数的含义。

- 【通道】下拉列表框：可选择不同的图像模式来观察直方图。
- 【源】下拉列表框：当前图像有多个图层时，才会被激活，在其下拉列表中可以选择图像的来源。
- 【平均值】参数：表示平均亮度值。
- 【标准偏差】参数：表示亮度值的变化范围。
- 【中间值】参数：显示亮度值范围内的中间值。
- 【像素】参数：表示用于计算直方图的像素总数。
- 【色阶】参数：显示指针下面的区域的亮度级别。
- 【数量】参数：表示相当于指针下面亮度级别的像素总数。
- 【百分位】参数：显示指针所指的级别或该级别以下的像素累计数。值以图像中所有像素的百分数的形式表示，从最左侧的0%到最右侧的100%。
- 【高速缓存级别】参数：显示当前用于创建直方图的图像高速缓存。当高速缓存级别大于1时，会更加快速地显示直方图。在这种情况下，直方图源自图像中代表性的像素取样（基于放大率），原始图像的高速缓存级别为1。在每个大于1的级别上，将会对4个邻近像素进行平均运算，以得出单一的像素值。因此，每个级别都是它下一个级别的尺寸的一半（具有1/4的像素数量）。当Photoshop CC 2018快速计算近似值时，它会用到其中一个较高的级别。单击【不使用高速缓存的刷新】按钮，使用实际的图像图层重绘直方图。

4.1.3 图像色调调整

Photoshop CC 2018中拥有功能强大的工具可增强、修复和校正图像中的颜色和色调（亮度、暗度和对比度）。在调整颜色和色调之前，需要考虑下面这些事项。

- 使用经过校准和配置的显示器。对于重要的图像编辑，校准和配置十分关键。否则，在打印后，图像在你的显示器和在其他显示器上看上去会有所不同。
- 尝试使用调整图层来调整图像的色调范围和色彩平衡。使用调整图层，可以恢复已做调整或进行连续的色调调整，而无须扔掉或永久修改图像图层中的数据。请记住，使用调整图层会增加图像的文件大小，并且需要计算机有更多的内存。可以通过访问【调整】面板中的颜色和色调命令自动创建调整图层。
- 如果不想使用调整图层，则可以直接将调整应用于图像图层。请记住，当对图像图层直接进行颜色或色调调整时，会扔掉一些图像信息。

1. 使用【色阶】命令

色阶表示一幅图像的高光、暗调和中间调的分布情况。【色阶】命令可以调整图像的暗部色调、中间色调和高光区域的色调，来改善图像的色调范围，调整图像的明暗程度。

选择【图像】→【调整】→【色阶】命令，打开【色阶】对话框，如图4-8所示。

【色阶】对话框中的参数介绍如下。

- 【通道】下拉列表框：用于选择要调整的色调，具体选项与图像的色彩模式有关。
- 【输入色阶】图：如图4-8所示，直方图下方的3个滑块分别对应3个文本框。第1个文本框用

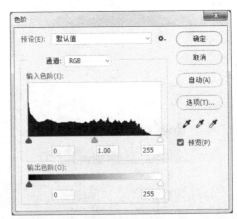

图4-8 【色阶】对话框

于设置图像的暗部色调,取值范围0~253;第2个文本框用于设置中间色调,取值范围
0.01~9.99;第3个文本框用于设置图像亮部色调,取值范围2~255。
- 【输出色阶】图:前后文本框取值范围均为0~255,前者设置暗调变高光调,后者相反。
- 【自动】按钮:Photoshop CC 2018将以0.5%的比例调整图像的亮度。将红、绿、蓝3个通道的色阶分布扩展到全色阶范围,把最亮的像素变为白色,最暗的像素变成黑色,从而使图像的亮度均匀分布。可能应用时会使图像偏色,所以慎重使用。
- :分别用于吸取图像中暗调、中间调与高光调。

> **注意** 在【色阶】对话框中,对图像进行参数调整后,按住【Alt】键,对话框中的【取消】按钮会变成【复位】按钮,然后单击,可以使对话框中的参数还原到默认状态。这些功能对Photoshop CC 2018中的其他对话框也能适用。

调整图像色阶的具体操作方法如下。

1 打开素材文件"horse.jpg",执行【图像】→【调整】→【色阶】命令,打开【色阶】对话框。

2 在【通道】下拉列表框中选择需要调整的通道,然后拖动相应的滑块,调整参数后单击【确定】按钮。如图4-9所示分别为图像调暗与调亮后的效果。

原图　　　　　　　　　调暗后　　　　　　　　　调亮后

图4-9　图像调暗、调亮后与原图比较(见彩插)

2. 使用【亮度/对比度】命令

使用【亮度/对比度】命令可以对图像的色调范围进行简单的调整。将【亮度】滑块向右移动会增加值并扩展图像高光,而将【亮度】滑块向左移动会减少值并扩展阴影。【对比度】滑块可扩展或收缩图像中色调值的总体范围。

打开图像后,执行【图像】→【调整】→【亮度/对比度】命令,将打开【亮度/对比度】对话框,如图4-10所示。

【亮度/对比度】对话框中的各参数介绍如下。

图4-10　【亮度/对比度】对话框

- 【亮度】参数:滑块向左拖动为负值,降低图像亮度;滑块向右拖动为正值,提高图像亮度;默认值为0,表示不改变图像亮度。
- 【对比度】参数:使用方法同【亮度】参数,向左拖动滑块降低对比度,向右拖动增加图像对比度。0值时,表示不改变图像对比度。

如图4-11和图4-12所示,分别是改变亮度与对比度的前后效果。

3. 使用【曲线】命令

通过【曲线】对话框可以调整图像的整个色调范围内的点(从阴影到高光)。【色阶】对话框只能进行3方面的调整(白场、黑场和灰度系数)。也可以使用【曲线】对话框

对图像中的个别颜色通道进行精确调整，还可以将曲线调整设置存储为预设值。

图4-11　原图与图像调亮后的对比效果（见彩插）

图4-12　原图与图像增加对比度的对比效果（见彩插）

打开图像后，执行【图像】→【调整】→【曲线】命令，打开的【曲线】对话框如图4-13所示。

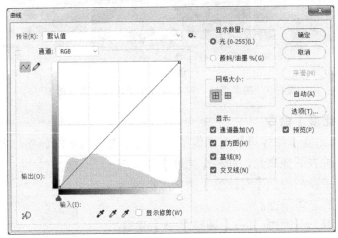

图4-13　【曲线】对话框

通过在【曲线】对话框中更改曲线的形状，可以调整图像的色调和颜色。将曲线上移或下移可使图像变亮或变暗，具体情况取决于是将曲线设置为显示色阶还是显示百分比。曲线中较陡的部分表示对比度较高的区域；曲线中较平的部分表示对比度较低的区域。

如果将【曲线】对话框设置为显示色阶而不是百分比，则会在图形的右上角呈现高光。移动曲线顶部的点可调整高光，移动曲线中心的点可调整中间调，而移动曲线底部的点可调整阴影。要使高光变暗，请将曲线顶部附近的点向下移动。将点向下或向右移动会将输入值映射到较小的输出值，并会使图像变暗。要使阴影变亮，请将曲线底部附近的点向上移动。将点向上或向左移动会将较小的输入值映射到较大的输出值，并会使图像变亮。

单击【曲线】对话框中的直线，在直线上会出现编辑点，拖动该点可调整直线的形状，从而调整图像的色调和颜色，如图4-14、图4-15和图4-16所示。

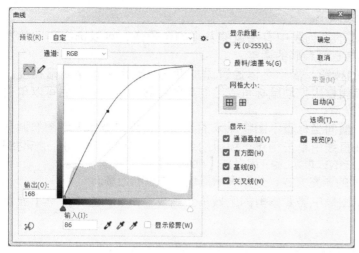

图4-14 图像调亮的曲线图与效果图

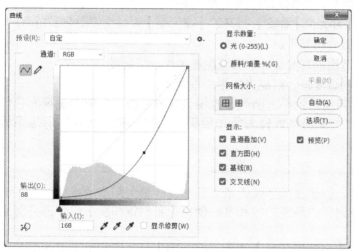

图4-15 图像调暗的曲线图与效果图

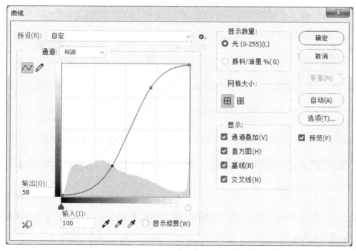

图4-16 图像部分调暗与调亮效果

【曲线】对话框中的参数介绍如下。

- 【通道】下拉列表框：在其下拉列表中有图像的各个颜色通道，可以选择不同的选项，对图像中的个别颜色通道进行精确的调整。
- ∿ ⌀：系统默认选择前面的按钮，表示可以通过添加点与删除点来调整明暗程度。单击⌀按钮，然后在曲线编辑框内拖动鼠标可以绘制新的曲线，结束绘制后可以单击【平滑】按钮让绘制的曲线光滑。
- 编辑框的竖向与横向坐标：横向坐标表示图像原来的亮度值，纵向坐标表示图像调整后新图像的亮度值。可以在直线中单击创建可编辑的点（最多14个编辑点），拖动编辑点可以调整它的位置与曲线的弧度。选中该点按【delete】键可删除该点。
- ✏ ✏ ✏：对图像的3个不同的调整方式，分别表示黑场、灰场和白场。
- 【显示修剪】复选框：标识图像中需要修剪的区域（全黑或全白），直接勾选【显示修剪】复选框就可以了。

4. 使用【曝光度】命令

曝光度是通过在线性颜色空间（灰度系数1.0）而不是当前颜色空间执行计算而得出的。

执行【图像】→【调整】→【曝光度】命令，打开的【曝光度】对话框如图4-17所示。

【曝光度】对话框的具体参数介绍如下。

- 【曝光度】参数：调整色调范围的高光端，对极限阴影的影响很轻微。
- 【位移】参数：使阴影和中间调变暗，对高光的影响很轻微。
- 【灰度系统校正】参数：使用简单的乘方函数调整图像灰度系数。负值会被视为它们的相应正值（也就是说，这些值仍然保持为负，但仍然会被调整，就像它们是正值一样）。

5. 使用【自然饱和度】命令

自然饱和度用于调整饱和度，以便在颜色接近最大饱和度时最大限度地减少修剪，该调整增加与已饱和的颜色相比不饱和的颜色的饱和度。使用【自然饱和度】命令还可防止肤色过度饱和。

执行【图像】→【调整】→【自然饱和度】命令，打开的【自然饱和度】对话框如图4-18所示。

图4-17　【曝光度】对话框

图4-18　【自然饱和度】对话框

- 要将更多调整应用于不饱和的颜色，并在颜色接近完全饱和避免颜色修剪，请将【自然饱和度】滑块移动到右侧。
- 要将相同的饱和度调整量用于所有颜色（不考虑其当前饱和度），请移动【饱和度】滑块。在某些情况下，这可能会比【色相/饱和度调整】面板或【色相/饱和度】对话框中的【饱和度】滑块产生更少的带宽。
- 要减少饱和度，请将【自然饱和度】或【饱和度】滑块移动到左侧。

原图与调整后的效果图比较如图4-19所示。

第4章　色彩与色调调整

图4-19　原图与调整后效果对比（见彩插）

6. 使用【色相/饱和度】命令

　　使用【色相/饱和度】命令可以调整图像中特定颜色范围的色相、饱和度和亮度，或者同时调整图像中的所有颜色。此调整尤其适用于微调CMYK图像中的颜色，以便它们处在输出设备的色域内。【色相/饱和度】对话框如图4-20所示。

- 全图：在此下拉列表框中可以选择作用于的图像色彩范围，其中【全图】选项表示对图像中的所有颜色起作用。其余选项表示只对选择单个颜色有效。
- 【色相】、【饱和度】与【明度】参数：分别作用于图像的色相、饱和度和明度。
- 【着色】复选框：勾选该复选框后，可以用同一颜色来替换当前图像中的颜色。

　　将图4-21所示图片中的绿色改变黄色，具体参数参照如图4-22所示，调整后效果如图4-23所示。

图4-20　【色相/饱和度】对话框

图4-21　原图

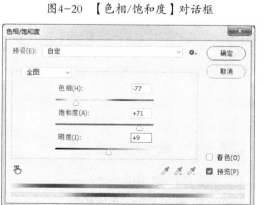

图4-22　【色相/饱和度】对话框设置

图4-23　调整后的效果预览

7. 使用【色彩平衡】命令

　　应用【色彩平衡】命令可以改变图像的整体色阶分布，通过对指定的颜色进行增加颜色值或减少颜色值，使图像整体效果趋于理想状态。如果图像要偏色效果，也可以使用此命令来调整。

打开需编辑的图像，执行【图像】→【调整】→【色彩平衡】命令，打开的【色彩平衡】对话框如图4-24所示。

- 【色彩平衡】栏：对于普通的色彩校正，【色彩平衡】栏中的参数即可更改图像的总体颜色混合。在【色阶】后面的文本框中可以直接输入数值调整或可以用鼠标拖动下面的滑块。滑块接近某种颜色表示增加该颜色，远离则表示减少。
- 【色调平衡】栏：用于选择需要进行调整的色彩范围。选中不同的单选按钮，就可以对相应色调的像素进行调整。当勾选【保持明度】复选框时，调整图像色彩时将保持图像的明度不变。

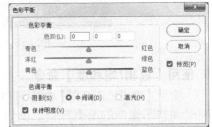

图4-24 【色彩平衡】对话框

设置好所有参数，单击【确定】按钮，如图4-25所示为色彩平衡的调整效果。

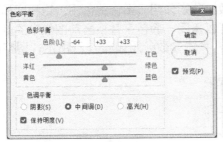 

图4-25 调整图像后的效果

8. 使用【黑白】命令

【黑白】命令主要用于将彩色图像转化成灰度图像，还可以对各颜色的转换方式进行控制，可以将原色中的不同颜色信息进行调和，从而将彩色转换为不同程度的单色图像。

打开彩色图像后，执行【图像】→【调整】→【黑白】命令，图像去除彩色变成黑白效果，【黑白】对话框如图4-26所示。

图4-26 【黑白】对话框与效果图

调整颜色的不同比例，然后单击【确定】按钮后，如图4-27所示为【黑白】对话框的具体参数与对应效果。

图4-27　【黑白】对话框参数与效果图

在【黑白】对话框中勾选【色调】复选框，可以激活下面的参数，通过这些参数可以为黑白图像上色。单击【色调】后面的色块，可以弹出选择目标色或通过拖动下面的【色相】滑块选择需要的颜色后，设置饱和度的效果，如图4-28所示。

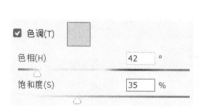

图4-28　色调设置参数与效果

9. 使用【照片滤镜】命令

【照片滤镜】命令可以模仿以下技术：在相机镜头前面加彩色滤镜，以便调整通过镜头传输的光的色彩平衡和色温；使胶片曝光。【照片滤镜】对话框还允许选取颜色预设，以便将色相调整应用到图像。如果希望应用自定颜色调整，则【照片滤镜】对话框允许使用Adobe拾色器来指定颜色。【照片滤镜】对话框的参数如图4-29所示。

- 【滤镜】单选按钮：可以在其后的下拉列表框中选择不同的滤镜方式。
- 【颜色】单选按钮：选中后可以单击右侧的色块，直接通过选择器选择颜色。

图4-29　【照片滤镜】对话框

- 【浓度】参数：用于控制着色的强度，数值越大，效果越明显。

如图4-30所示，在【滤镜】下拉列表框中选择的都是【加温滤镜（85）】选项，但浓度分别为25%与100%的效果。

对图像进行冷色调处理的效果如图4-31所示。

图4-30　【照片滤镜】的浓度分别为25%与100%效果对比（见彩插）　　图4-31　图像的冷却滤镜（80）效果

10. 使用【通道混合器】命令

使用【通道混合器】命令可以创建高品质的灰度图像、棕褐色调图像或其他色调图像，也可以对图像进行创造性的颜色调整。要创建高品质的灰度图像，请在【通道混合器】对话框中选取每种颜色通道的百分比。要将彩色图像转换为灰度图像并为图像添加色调，可以使用【黑白】命令。

打开素材文件"山水.jpg"，执行【图像】→【调整】→【通道混合器】命令，打开【通道混合器】对话框，如图4-32所示。

图4-32　【通道混合器】对话框

【通道混合器】对话框中的各项参数介绍如下。

- 【预设】下拉列表框：其下拉列表中包含了一些预设效果选项，直接选择就可以得到很好的效果。
- 【输出通道】下拉列表框：在其下拉列表中可以选择需要调整的颜色通道。
- 【源通道】栏：用于调整源通道在输出通道的百分比，取值范围在-200%～+200%之间。
- 【常数】参数：改变输出通道的不透明度。取值范围在-200%～+200%之间。输入负值时，通道的颜色偏向黑色；输入正值时，效果相反，颜色偏向白色。
- 【单色】复选框：勾选此复选框后，可以将图像变成灰度图像。

11. 使用【反相】命令

使用【反相】命令可以将图像颜色取相反值，如白色应用【反相】命令后会变黑。使用此命令后不会丢失图像的颜色信息，再次执行该命令可以恢复源图像。

打开素材文件"山水.jpg"，执行【图像】→【调整】→【反相】命令，或按【Ctrl+I】组合键，得到的效果如图4-33所示。

图4-33 【反相】前后效果比较

12. 使用【色调分离】命令

使用【色调分离】命令可以指定图像中每个通道的色调级数目（或亮度值），然后将像素映射到最接近的匹配级别。例如，在RGB图像中选取两个色调级别将产生6种颜色：两种代表红色，两种代表绿色，另外两种代表蓝色。

打开素材文件"山水.jpg"，执行【图像】→【调整】→【色调分离】命令，打开的【色调分离】对话框和调整后的效果如图4-34所示。

图4-34 【色调分离】对话框与效果图

13. 使用【阈值】命令

使用【阈值】命令可以将灰度或彩色图像转换为高对比度的黑白图像。可以指定某个色阶作为阈值，所有比阈值亮的像素转换为白色，而所有比阈值暗的像素转换为黑色，中间像素平均分布。

打开素材文件"山水.jpg"，执行【图像】→【调整】→【阈值】命令，打开的【阈值】对话框和调整效果如图4-35所示。

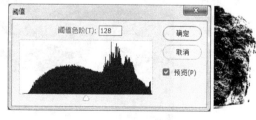

图4-35 【阈值】对话框与效果图

14. 使用【渐变映射】命令

使用【渐变映射】命令可以将相等的图像灰度范围映射到指定的渐变填充色。如果指定双色渐变填充，例如，图像中的阴影映射到渐变填充的一个端点颜色，高光映射到另一个端点颜色，则中间调映射到两个端点颜色之间的渐变颜色。

选择【图像】→【调整】→【渐变映射】命令，打开的【渐变映射】对话框，如

图4-36所示。

对话框中的具体参数介绍如下。

- 【灰度映射所用的渐变】栏：渐变色条默认显示的是前景色到背景色的渐变，在其下拉列表中可以选择系统提供的渐变样式，或单击色条在打开的【渐变编辑器】对话框中编辑所需要的渐变样式。
- 【仿色】复选框：添加随机杂色以平滑渐变填充的外观并减少带宽效应。
- 【反向】复选框：切换渐变填充的方向，从而反向渐变映射。

15. 使用【可选颜色】命令

【可选颜色】命令是校正高端扫描仪和分色程序使用的一种技术，用于在图像中的每个主要原色成分中更改印刷色的数量。我们可以有选择地修改任何主要颜色中的印刷色数量，而不会影响其他主要颜色。

选择【图像】→【调整】→【可选颜色】命令，打开的【可选颜色】对话框，如图4-37所示。

图4-36 【渐变映射】对话框　　　图4-37 【可选颜色】对话框

例如，可以使用可选颜色校正，减少图像绿色图素中的青色，同时保留蓝色图素中的青色不变，如图4-38所示。

图4-38 【可选颜色】对话框参数与减少绿色中的青色的效果

16. 使用【阴影/高光】命令

【阴影/高光】命令用于校正由于强光或逆光而形成的阴影，也可以用来校正照片上由于照相机太接近闪光灯而造成的发白焦点。

打开素材文件"背光女孩.jpg"，如图4-39所示。执行【图像】→【调整】→【阴影/

高光】命令，打开【阴影/高光】对话框，如图4-40所示。

图4-39 素材文件"背光女孩"

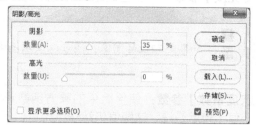
图4-40 【阴影/高光】对话框

具体参数设置与效果如图4-41所示。

图4-41 【阴影/高光】对话框参数与效果图

【阴影/高光】对话框中的具体参数介绍如下。

- 【阴影】栏：输入百分比或调整【数量】下的滑块，来增加或降低图像中的暗部色调。
- 【高光】栏：操作方法同【阴影】参数，降低图像中的高光色调。
- 【显示更多选项】复选框：勾选此复选框，会打开更详细的调整参数。

17. 使用【HDR色调】命令

曝光度和HDR色调调整主要针对32位的HDR图像，但是也可以将其应用于16位和8位图像以创建类似HDR的效果。执行【图像】→【调整】→【HDR色调】命令，打开【HDR色调】对话框，如图4-42所示。

【HDR色调】对话框中的部分具体参数介绍如下。

- 【方法】下拉列表框：其下拉列表中有很多类型可以选择，如图4-43所示。

图4-42 【HDR色调】对话框

图4-43 【方法】下拉列表框

🔍 【曝光度】参数：调整色调范围的高光端，对极限阴影的影响很轻微。

 提示　如果是32位的图像，还可以使用图像窗口的【曝光度】滑块。

🔍 【灰度系数】参数：使用简单的乘方函数调整图像灰度系数。负值会被视为它们的相应正值（也就是说，这些值仍然保持为负，但仍然会被调整，就像它们是正值一样）。

18. 使用【匹配颜色】命令

【匹配颜色】命令可匹配多个图像之间、多个图层之间或者多个选区之间的颜色，它还可通过更改亮度和色彩范围及中和色痕来调整图像中的颜色。【匹配颜色】命令仅适用于RGB模式。

执行【图像】→【调整】→【匹配颜色】命令，打开的【匹配颜色】对话框，如图4-44所示。

图4-44　【匹配颜色】对话框

【匹配颜色】命令应用实例如下。

▍打开素材文件"草莓.jpg"与"园林.jpg"，如图4-45所示。

图4-45　素材文件"草莓"与"园林"

2 执行【图像】→【调整】→【匹配颜色】命令,如图4-46所示,选择【源】下拉列表框中的【园林.jpg】选项。

3 如图4-47所示为"草莓.jpg"图像的调整效果。

图4-46 【匹配颜色】对话框参数调整　　　　图4-47 调整后的图像

19. 使用【替换颜色】命令

使用【替换颜色】命令可以创建蒙版,以选择图像中的特定颜色,然后替换那些颜色,可以设置选定区域的色相、饱和度和亮度。或者可以使用拾色器来选择替换颜色。由【替换颜色】命令创建的蒙版是临时性的。

执行【图像】→【调整】→【替换颜色】命令,打开【替换颜色】对话框,如图4-48所示。

下面通过一个简单的案例来说明【替换颜色】对话框的参数。

1 打开素材文件"相机.jpg",如图4-49所示。

图4-48 【替换颜色】对话框　　　　图4-49 素材文件"相机.jpg"

2. 执行【图像】→【调整】→【替换颜色】命令，打开【替换颜色】对话框。选中对话框内的 🖋 按钮，吸取相机中的黄色部分后，应用【替换颜色】对话框下的【替换】栏中的设置。具体参数与效果如图4-50所示。

图4-50 【替换颜色】对话框的具体参数与效果

使用【自动色调】、【自动对比度】和【自动颜色】命令

- 【自动色调】命令：可以去除图像中不正常的高光与暗调区域，把最亮的像素变为白色，最暗的像素变为黑色，使用图像的明暗程度自动达到均匀效果。用于修正一些部分曝光过度的图像。

- 【自动对比度】命令：可以自动调整图像整体的对比度，使图像中暗调的像素与高光像素映射为黑白色，全暗调区域更暗，高光区域更亮，使得图像的对比度增强。

- 【自动颜色】命令：可以通过搜索图像中的明暗程度来表现图像的暗调、中间调和高光，并自动调整图像的整体颜色，使色彩平衡达到最佳效果。

4.2 进阶——制作复古照片

通过前面的学习，读者对色彩调整的相关知识有了一定的了解，本节将通过实例操作，使读者对本章所学的内容进行巩固和加深。

对于拍摄好的照片，还想进一步修改与添加自己想要的样式效果，可以通过【图像】→【调整】菜单来实现，主要应用在室内与影楼后期处理方面。

最终效果

制作好的复古效果，如图4-51所示。

解题思路

1. 可选颜色调整。
2. 亮度/对比度调整。
3. 添加照片滤镜。
4. 曲线调整。

第4章 色彩与色调调整

操作步骤

1. 打开素材文件"小朋友.jpg",如图4-51所示。照片最好为外景照,最终效果如图4-52所示。

图4-51 原图效果(见彩插)

图4-52 最终效果(见彩插)

2. 选择【图像】→【调整】→【可选颜色】命令,弹出【可选颜色】对话框,具体参数设置如图4-53所示。

3. 选择【图像】→【调整】→【可选颜色】命令,弹出【可选颜色】对话框,在【颜色】栏中选择【中性色】选项,具体参数如图4-54所示。

图4-53 【可选颜色】对话框(1)

图4-54 【可选颜色】对话框(2)

4. 再次选择【图像】→【调整】→【可选颜色】命令,在弹出的对话框中设置颜色为白色,并设置具体参数,如图4-55所示。

5. 单击【图像】→【调整】→【亮度/对比度】命令,将图像的亮度值设置为-30,如图4-56所示。

图4-55 【可选颜色】对话框（3）

图4-56 【亮度/对比度】对话框

6. 选择【图像】→【调整】→【照片滤镜】命令，在弹出的【照片滤镜】对话框中，展开【滤镜】下拉列表，选择【黄】选项，并将浓度设为40%，如图4-57所示。

图4-57 【照片滤镜】对话框

7. 选择【图像】→【调整】→【曲线】命令，弹出【曲线】对话框，根据如图4-58所示参数调节曲线。

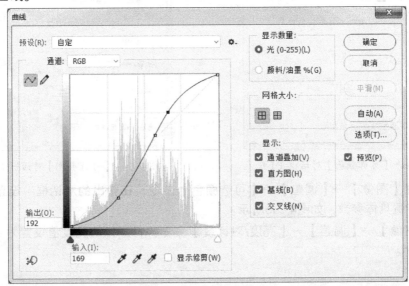

图4-58 【曲线】对话框参数

8 单击【确定】按钮关闭对话框，最终的复古效果如图4-52所示。

4.3 提高——制作冷色照片

本例主要通过【调整】菜单，将暖色照片改成冷色照片。

最终效果

调好色的图像效果如图4-59所示。

解题思路

1. 调整色阶。
2. 色相/饱和度的调整。
3. 添加滤镜。
4. 曲线效果调整。
5. 亮度/对比度的调整。

操作提示

1. 打开素材文件"室内.jpg"，在【图层】面板中按【Ctrl+J】组合键复制【背景】图层，并对图像设置色阶效果，将图像变暗，如图4-60所示。

图4-59 最终效果（见彩插）

图4-60 调整色阶

2. 再复制图层，对图层设置色相/饱和度效果，将饱和度降低，如图4-61所示。
3. 再复制图层，对图层设置色阶，同样为变暗效果，如图4-62所示。
4. 按【Ctrl+Shift+Alt+E】组合键盖印图层，并下移一层，右击【图层2】，在弹出的快捷菜单中选择"混合选项"命令。在弹出的【图层样式】对话框中，单击【常规混合】栏下的【混合模式】下拉按钮，选择【滤色】选项。隐藏顶部图层，如图4-63所示。

图4-61　降低饱和度

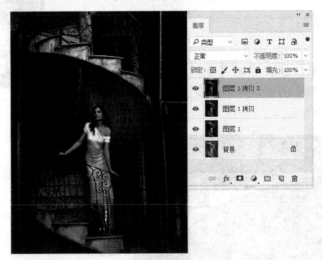

图4-62　变暗后的效果

图4-63　盖印并滤色后的效果

5 将"前景色"设置为深蓝色,"背景色"设置浅蓝色,新建图层并执行【滤镜】→【渲染】→【云彩】命令,效果如图4-64所示。

图4-64 云彩效果

6 将【图层3】设置为【柔光】混合模式(同第4步分操作),得到的效果如图4-65所示。

图4-65 柔光混合效果

7 按【Ctrl+Alt+Shift+E】组合键进行盖印操作,对盖印后的图层执行【滤镜】→【渲染】→【光照效果】命令,进行相关设置调整,得到的效果如图4-66所示。

8 复制【图层4】后,对复制的图层执行【滤镜】→【模糊】→【高斯模糊】命令,得到的效果如图4-67所示,并将图层设置为【柔光】混合模式效果。

9 对设置好的图片再进行曲线与亮度/对比度的设置,让图像变亮一点,得到的效果如图4-68所示。

图4-66 添加光照效果

图4-67 添加高斯模糊效果

图4-68 设置曲线与亮度/对比度

4.4 答疑与技巧

问：两张不同色相的图像放在一起，如何调成一样的色调？

可以使用【色相/饱和度】【照片滤镜】或【曲线】等命令来完成调整。

问：【图层】面板中的【创建新的填充或调整图层】按钮，与【调整】菜单中的命令有什么不同之处？

【图层】面板中的【创建新的填充或调整图层】按钮是在原有图层的上方创建一个新的蒙版图层，直接对下图层或对全图进行设置，也可以进行局部调整，并将设置的值保存便于修改。而【调整】菜单中的命令可以对图片进行设置，但不能做第2次原参数修改。

问：【曲线】对话框中的输入、输出分别代表什么？

通过在【曲线】对话框中更改曲线的形状，可以调整图像的色调和颜色。将曲线上移或下移可以使图像变亮或变暗，具体情况取决于用户是将"曲线"设置为显示色阶还是显示百分比。曲线中较陡的部分表示对比度较高的区域，曲线中较平的部分表示对比度较低的区域。

如果将【曲线】对话框设置为显示色阶而不是百分比，则会在图形的右上角呈现高光。移动曲线顶部的点可调整高光，移动曲线中心的点可调整中间调，而移动曲线底部的点可调整阴影。要使高光变暗，请将曲线顶部附近的点向下移动。将点向下或向右移动会将输入值映射到较小的输出值，并会使图像变暗。要使阴影变亮，请将曲线底部附近的点向上移动。将点向上或向左移动，会将较小的输入值映射到较大的输出值，并会使图像变亮。

结束语

通过本章的学习可以掌握对图像的润色与修色效果的操作，使图像达到用户满意的状态。

Chapter 5

第5章
图层的应用

本章要点

入门——基本概念与基本操作
- 图层基础知识
- 【图层】面板
- 【调整】面板
- 图层蒙版操作

进阶——典型实例
- 制作海报

提高——自己动手练
- 修改太阳镜反射景象

答疑与技巧

本章导读

了解什么是图层及图层之间的操作，才能更好地掌握Photoshop CC 2018中的部分应用。再有经验的画家也会有画错的时候，画错了就会拿一张画纸重新绘画，而使用Photoshop CC 2018中的图层功能就不会有这样的麻烦。本章就先来了解一下图层的相关知识。

5.1 入门——基本概念与基本操作

图层在Photoshop CC 2018中起着举足轻重的作用,通过图层可以制作出复杂、漂亮的效果。本节将详细介绍Photoshop CC 2018图层的主要功能及具体使用方法。

5.1.1 图层的基础知识

在操作之前我们可以先来认识图层的基本概念,这样后面的操作将更加方便。

1. 认识图层

Photoshop CC 2018中图层就如同堆叠在一起的透明纸,用户可以通过图层的透明区域看到下面的图层;可以移动图层来定位图层上的内容,就像在堆栈中滑动透明纸一样;也可以更改图层的不透明度以使内容部分透明或不透明。各个图层相互独立又相互连贯,可以单独编辑,也可以整体编辑,如图5-1所示为不同的图层组成的图像效果。

图5-1 图像与图层效果

2.【图层】面板

在Photoshop CC 2018中学会管理及应用图层,是一件非常重要的事情。任何图像的操作都离不开图层,让我们通过【图层】面板来熟悉里面的功能及应用。

在Photoshop CC 2018中,【图层】面板通常与【通道】、【路径】面板组合在一个面板组中(如图5-2所示),并默认显示在第1个选项卡。如果【图层】面板没有显示出来,可以通过【窗口】菜单打开或按【F7】键。

【图层】面板中各部分的含义如下。

图5-2 【图层】面板

- 图层混合模式,单击下拉按钮将打开图层混合模式下拉列表,如图5-3所示。从中可以选择当前图层像素与下一图层像素进行混合的方式。
- 不透明度用于确定它遮蔽或显示其下方图层的程度。不透明度为1%的图层看起来几乎是透明的,而不透明度为100%的图层则显得完全不透明。取值范围为0%~100%。
- 该参数组的作用是控制图层的编辑范围,锁定部分操作。从左到右分别介绍每个按钮的功能是：锁定图层的透明区域，不能对其编辑，只能对图层中有像素的区域起作用；锁定图层的颜色填充或其他的色彩编辑，可以移动图层的图像；锁定图层的位置，不可以对当前图像进行移动（图层上下位置的移动除外）；当前图层锁定，不能对其进行任何操作（图层上下位置的移动除外）。【图层】锁定后，如果要取消当前的锁定，可以在选择该图层后，单击对应的锁定按钮。

：除了设置整体不透明度（影响应用于图层的任何图层样式和混合模式）以外，还可以指定填充不透明度。填充不透明度仅影响图层中的像素、形状或文本，而不影响图层效果（例如，投影）的不透明度。

> **注意**　【背景】图层或已锁定图层的不透明度是无法更改的。要将【背景】图层转换为支持透明度的常规图层。

- ：用于控制图层的显示与隐藏。按【Alt】键的同时单击眼睛图标，可以将该图层以外的所有图层隐藏，重复操作可以重新将所有图层显示出来。图层隐藏后，不能再对其编辑。
- ：图层缩览图，显示图层的图像内容。用户可以在其上右击，在弹击的快捷菜单中选择缩览图的显示方式，共有4种（【无缩览图】、【小缩览图】、【中缩览图】和【大缩览图】方式）。
- 图层2：在图层缩览图的后面是图层名称，图层就是以不同的名称来进行相互区分的。新建的图层有其Photoshop CC 2018默认的命名方式，如果觉得不符合用户操作的名字，用户可以在其上双击，然后进行更改。
- 图层2：Photoshop CC 2018中的当前图层会以高亮方式进行显示，绝大部分命令都是在当前图层进行操作的。用户要切换图层，可以单击图层缩览图或图层名称。
- 背景：新建或打开一幅新的图像后，在没有进行任何操作之前，会显示一个名称为"背景"的图层。图层后面有锁定的按钮。

图5-3　混合模式列表内容

- ：链接图层，选择图层后会出现链接图标，表示这些图层是链接在一起的，可以一起移动。
- fx：添加图层样式，单击后可以在弹出的下拉菜单中，选择当前图层的效果。
- ：对当前图层创建图层蒙版，用来遮盖部分不显示的图像。
- ：如同添加图层样式一样，单击后会弹出下拉菜单，在下拉菜单中选择用户想要的效果即可。
- ：用来组织与管理图层。
- ：单击该按钮可以创建一个新图层，将新建好的图层拖曳到此按钮上，可以复制图层。
- ：删除图层。

5.1.2　不同类型的图层创建

在Photoshop CC 2018中，用户可以通过不同的方法创建不同类型的图层。下面具体介绍创建的方法。

1. 新建普通图层

单击【图层】面板底部的【创建新图层】按钮 ，即可创建新的图层，如图5-4所示。

也可以按住【Alt】键的同时单击【创建新图层】按钮，会弹出【新建图层】对话框，如图5-5所示。可以通过对话框设置新图层的名称、颜色、模式及不透明度。

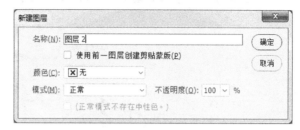

图5-4　新建图层效果　　　　　　　　图5-5　【新建图层】对话框

2. 创建调整图层

调整图层可将颜色和色调调整后应用于图像，而不会永久更改像素值。例如，可以创建色阶或曲线调整图层，而不是直接在图像上调整色阶或曲线。对颜色和色调的调整存储在调整图层中，并应用于该图层下面的所有图层；可以通过一次调整来校正多个图层，而不用单独对每个图层进行调整；可以随时扔掉更改并恢复原始图像。

创建调整图层的方法具体有3种。

- 打开图像后，执行【图层】→【新建调整图层】命令，在弹出的子菜单中选择相应的调整命令，弹出【新建图层】对话框（参考图5-5），单击【确定】按钮即可。
- 打开图像后，通过【图层】面板底部的【创建新的填充或调整图层】按钮 ，在弹出的下拉菜单中选择相应的命令后会直接创建一个调整图层。
- 打开图像后，单击【调整】面板中相应的图标按钮，来完成调整图层的创建。

以上所有命令执行后，都会在【图层】面板创建一个新的调整图层，然后在【属性】面板中调整即可，如图5-6所示。

图5-6　【图层】面板与【属性】面板参数

对图像调整效果不满意时，也可以回到【图层】面板，双击缩览图即可打开【属性】面板进行修改，直到实现满意效果。

在Photoshop CC 2018中，常用的调整命令都以图标的形式显示在【调整】面板上，如图5-7所示，用户可以直观、方便地查看与选择调整命令。

单击【调整】面板上的调整图标，会打开具体参数的【属性】面板，如图5-8所示为单击【创建新的色阶调整图层】图标 后打开的【属性】面板，图5-9所示为单击【创建新的色相/饱和度调整图层】图标 后打开的【属性】面板。

图5-7　【调整】面板　　　　图5-8　色阶属性设置界面　　　　图5-9　色相/饱和度设置界面

下面介绍【属性】面板底部各个按钮的含义。

　　　：添加调整图层时，默认对其下所有图层都产生作用，单击此按钮可以使调整图层只对其下的第1个图层起作用，同时该图层名称下面会显示一条下画线。调整图层会显示向下的折弯箭头按钮 ，再次单击可以从对其下第1个图层起作用变为对所有图层起作用，如图5-10所示为对所有图层与只对调整图层下一图层起作用的图层效果。

图5-10　调整命令对所有图层与对下一图层起作用的比较

　　　：可以返回上一个调整状态，类似于Photoshop CC 2018中的撤销命令。

　　　：返回到下一个调整状态，类似于Photoshop CC 2018中的恢复命令。

　　　：切换调整命令的显示与隐藏。

　　　：删除当前的调整图层。

> **注意** 对于摄影师或影楼调色师，也就是经常对图像直接润色的人而言，需要熟练掌握Photoshop中的调整图层。为了保持图像的完整性，建议使用非破坏性编辑，Photoshop专门设计了【调整】面板。熟悉【调整】菜单的用户尽量使用这里的命令，其实操作都差不多。

3. 创建填充图层

填充图层是一种带蒙版的图层，在Photoshop CC 2018中可以创建3种填充图层：纯色填充图层、渐变填充图层与图案填充图层。这3种类型图层的共同特点是在创建图层的同时就填充好了颜色或图案，也并不会影响任何一个图层。

要创建纯色填充图层，打开图像，单击【图层】面板上的【创建新的填充或调整图层】按钮，从其下拉菜单中选择【纯色】命令，弹出【拾取实色】对话框，如图5-11所示。图5-12为创建纯色填充图层后，【图层】面板的显示。创建后如果觉得颜色不合适，还可以双击缩览图进行修改。

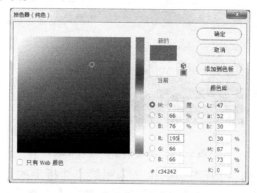

图5-11 【拾取实色】对话框

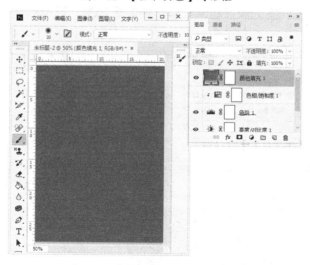

图5-12 【图层】面板与填充效果

要创建渐变填充图层，打开图像，单击【图层】面板上的【创建新的填充或调整图层】按钮，从其下拉菜单中选择【渐变】命令，弹出【渐变填充】对话框，如图5-13所示。单击【渐变】下拉按钮选择预设效果，如图5-14所示。还可以直接单击下拉按钮前面的【可编辑渐变】按钮，直接设置颜色，如图5-15所示为设置好的效果。

   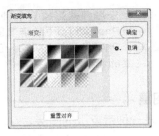

图5-13 【渐变填充】对话框　　　图5-14 渐变样式面板

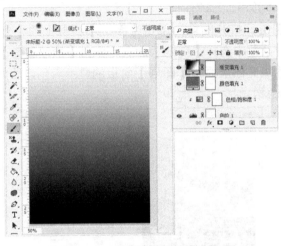

图5-15 渐变填充图层的效果

要创建图案填充图层，打开图像，单击【图层】面板上的【创建新的填充或调整图层】按钮，从其下拉菜单中选择【图案】命令，弹出【图案填充】对话框，如图5-16所示。单击对话框左边的图案列表按钮，弹出的面板如图5-17所示，如图5-18所示为应用图案填充后的效果。

图5-16 【图案填充】对话框　　　图5-17 图案面板

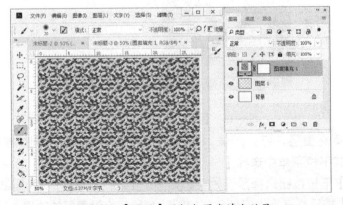

图5-18 【图层】面板与图案填充效果

5.1.3 图层的基本操作

要使用Photoshop CC 2018进行创作，图层的灵活应用是不可少的。下面来介绍图层的基本应用。

1. 重命名图层与组

将图层或组添加到图像中时，为图层或组指定反映其内容的名称将很有帮助。说明性名称使图层或组在【图层】面板中更易于识别，如图5-19所示为未命名的图层（组），图5-20所示为已经命名的图层（组）。

图5-19　图层未命名

图5-20　图层已命名

操作方法是：在对应图层名称上双击图层的名称，然后直接输入指定的名称就可以了。图层组的操作方法也是一样的。

2. 复制图层

复制图层的方法很多，这里不进行过多的阐述，只要掌握一种快捷方便的方法就行。针对不同对象，有3种复制情况：在图像内复制图层或组、在图像之间复制图层与从图层或组创建新的文档。

- **在图像内复制图层或组：** 也有3种情况，可以通过【图层】菜单复制，也可以将要复制的图层拖动到【创建新图层】按钮上，或使用快捷键，即指定要复制的图层，然后按【Ctrl+J】组合键。

- **在图像之间复制图层或组：** 打开源图像与目标图像，从源图像的【图层】面板上选择一个或多个图层，选择"移动工具"，拖曳图层到目标图像的选项栏上，等到目标图像显示后，不松开鼠标键将拖动的内容放入图像内后释放鼠标键，即可复制图层。如图5-21所示为拖动前与拖动后的效果对比。

- **从图层或组创建新的文档：** 主要应用在网页制作上，当需要单独拿出一些内容进行编辑时，就要把对应的图层或组复制出来。

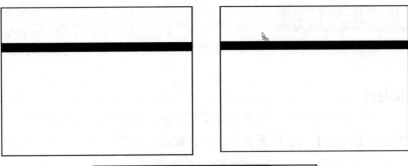

图5-21 拖动前、拖动中与拖动后的效果对比

从图层或组创建新的文档的操作方法如下。

1. 打开"web.jpg"素材文件，如图5-22所示。
2. 用选区选择需要的图像后，按住【Ctrl】键不放并同时按【C】键，然后选择【文件】→【新建】命令，在弹出的对话框中直接单击【创建】按钮，再按【Ctrl+V】组合键即可复制图像，如图5-23所示。

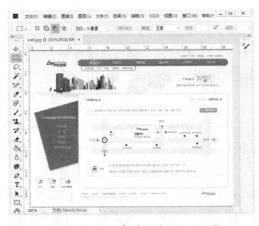

图5-22 打开素材文件"web.jpg"

图5-23 复制出来的新文件

3. 更改图层与组的顺序

在【图层】面板中，将图层或组向上或向下拖动，当突出显示的线条出现，表明放置图层或组的位置时，松开鼠标键即可，如图5-24所示拖动中的效果。

要将图层移到一个组中，将该图层拖曳到相应的组文件夹 上即可。如果组已关闭，则图层会被放到组的底部，如图5-25所示为图层移动到组里的效果。

第5章　图层的应用

图5-24　移动图层时的效果

图5-25　图层在组中的效果

4. 链接图层

图层的链接是指将多个图层关联起来，可以方便用户对关联图层同时编辑，只要指定一个图层，其余的图层均会受到影响。对关联的图层操作的命令有：复制、移动、变换、合并、对齐和分布图像等。

建立链接图层的操作如下。

1　在【图层】面板中选择需要进行链接的多个图层或组。
2　单击【图层】面板底部的【链接图层】按钮 ⇔。

要取消图层链接，可执行以下操作。

1　选择一个链接的图层，然后单击面板下方的【链接图层】按钮 ⇔。
2　要临时停用链接的图层，请按住【Shift】键并单击图层名称右边显示的链接图标 ⇔，图标上将出现一个红叉，按住【Shift】键再次单击链接图标可启用链接。
3　选择某个已链接的图层，然后单击面板底部的【链接图层】按钮。

5. 合并图层

确定了图层的内容后，用户可以合并图层以缩小图像文件所占用的空间。在合并图层时，顶部图层的数据将替换它所覆盖的底部图层上的任何数据。在合并后的图层中，所有透明区域的重叠部分都会保持透明。

 不能将调整图层或填充图层用作合并的目标图层。

- **合并图层**：选择指定的图层后，按【Ctrl+E】组合键即可。
- **合并可见图层**：按【Ctrl+Shift+E】组合键，合并所有可见的图层并保留隐藏图层。
- **拼合图像**：执行【图层】→【拼合图像】命令可将所有的图层合并到【背景】图层中，但如果有隐藏图层时，会弹出如图5-26所示的警告对话框。单击【确定】按钮将丢弃隐藏内容，如图5-27所示为拼合图像前后的图层比较。

图5-26　拼合图像警告框

119

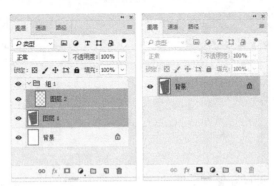

图5-27　拼合前后的效果

6. 图层的对齐与分布

　　对齐与分布是将两个或两个以上的图层中的图像以不同的方式对齐。使用时要先选择两个或两个以上的图层，然后单击工具选项栏上相应的对齐按钮即可设置，如图5-28所示为移动工具选项栏上的对齐按钮。

图5-28　工具选项栏

　　下面来认识工具选项栏上的各对齐按钮。

- 【顶对齐】按钮：将选定图层上的顶端像素与所有选定图层上的顶端像素对齐，或与选区边框的顶边对齐。
- 【垂直居中对齐】按钮：将每个选定图层上的垂直中心像素与所有选定图层的垂直中心像素对齐，或与选区边框的垂直中心对齐。
- 【底对齐】按钮：将选定图层上的底端像素与选定图层上的底端像素对齐，或与选区边界的底边对齐。
- 【左对齐】按钮：将选定图层上左端像素与最左端图层的左端像素对齐，或与选区边界的左边对齐。
- 【水平居中对齐】按钮：将选定图层上的水平中心像素与所有选定图层的水平中心像素对齐，或与选区边界的水平中心对齐。
- 【右对齐】按钮：将链接图层上的右端像素与所有选定图层上的右端像素对齐，或与选区边界的右边对齐。

　　如图5-29所示为绘制好的原图与图层使用对齐按钮之前的状态，如图5-30所示分别为顶对齐、垂直居中对齐、底对齐、左对齐、水平居中对齐和右对齐的效果对比。

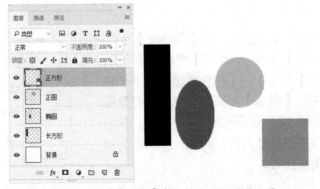

图5-29　使用【对齐】命令前图层与源图效果

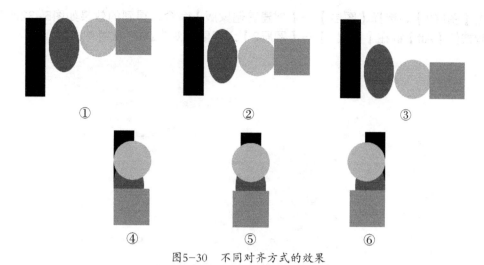

图5-30 不同对齐方式的效果

分布命令介绍如下。

- 【按顶分布】按钮：从每个图层的顶端像素开始，间隔均匀地分布图层。
- 【垂直居中分布】按钮：从每个图层的垂直中心像素开始，间隔均匀地分布图层。
- 【按底分布】按钮：从每个图层的底端像素开始，间隔匀均地分布图层。
- 【按左分布】按钮：从每个图层的左端像素开始，间隔均匀地分布图层。
- 【水平居中分布】按钮：从每个图层的水平中心开始，间隔均匀地分布图层。
- 【按右分布】按钮：从每个图层的右端像素开始，间隔均匀地分布图层。

具体效果这里就不再演示了，读者可以自己尝试一下。

7. 创建剪贴蒙版

使用某个图层的内容来遮盖其上方的图层。遮盖效果由底部图层或基底图层决定。基底图层的非透明内容将在剪贴蒙版中裁剪（显示）它上方图层的内容，所有其他内容将被遮盖。具体操作如下。

- 打开素材文件（"草原.jpg"、"邮件.jpg"和"草.jpg"），并将"邮件"与"草"图像文件分别拖曳到"草原"文件内，得到的效果和【图层】面板如图5-31所示。

图5-31 图像与图层效果

❷ 单击【图层2】，选择【图层】→【创建剪贴蒙版】命令，得到的效果如图5-32所示。或者按住【Alt】键在【图层1】与【图层2】之间鼠标变成↙□形状时单击。

图5-32　创建剪贴蒙版后图像与图层效果

8. 转换背景图层

使用白色背景或彩色背景创建新图像时，【图层】面板最下面的图层称为"背景图层"。一幅图像只能有一个背景图层。用户不能更改背景图层的堆栈顺序、混合模式或不透明度。不过，用户可以将背景图层转换为普通图层，然后更改属性。

具体操作如下：打开有背景图层的图像或新建一个有背景的文件，然后在背景图层上双击，弹出【新建图层】对话框，如图5-33所示，单击【确定】按钮即可。如图5-34所示为背景图层与转换后的普通图层的效果对比。

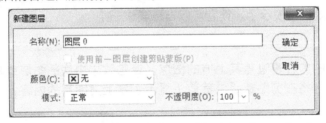

图5-33　【新建图层】对话框

图5-34　背景图层转换前后的对比

创建包含透明内容的新图像时，图像没有背景图层，最下面的图层不像背景图层那样受到限制，用户可以将它移到【图层】面板的任何位置，也可以更改其不透明度和混合模式，如图5-35所示为新建文件时的参数与图层效果。

9. 删除图层

在图像编辑中，对不适合显示的可以用【指示图层可见性】按钮 👁 使图层显示与隐藏，但对于没有用的图层可以将其删除。删除操作方法有很多，下面介绍具体操作，用户只要选择一种自己觉得方便的方法即可。

- 选择要删除的图层，单击【图层】面板底部的【删除图层】按钮 🗑，在弹出的对话框中单击【是】按钮即可。
- 选择要删除的图层，在【图层】菜单中选择【删除】→【图层】命令，在弹出的对话框中单击【是】按钮即可。
- 用鼠标拖曳要删除的图层，直接拖放到【图层】面板底部的【删除图层】按钮上即可。
- 在对应图层上右击，在弹出的快捷菜单中选择【删除图层】命令，在弹出的对话框中单击【是】按钮即可。
- 选择要删除的图层，直接按【Delete】键即可。

图5-35 新建文件时选择背景内容为透明的设置与图层效果

5.1.4 图层的高级应用

在Photoshop中，只会图层的基本操作应用是远远不够的，还需要掌握图层的一些高级应用，以使图像达到更好的效果，下面来介绍一下图层的高级应用。

1. 图层混合模式应用

图层的混合模式确定了其像素如何与图像中的下层像素进行混合。使用混合模式可以创建各种特殊效果。

图层的整体不透明度用于确定它遮蔽或显示其下方图层的程度。不透明度为1%的图层看起来几乎是透明的，而不透明度为100%的图层则显得完全不透明，如图5-36所示分别为100%不透明度、50%不透明度与10%不透明度的效果。

除了设置整体不透明度（影响应用于图层的任何图层样式和混合模式）以外，还可以指定填充不透明度。填充不透明度仅影响图层中的像素、形状或文本，而不影响图层效果（例如投影）的不透明度，如图5-37所示是将图像的填充不透明度设置为10%。读者可以比较图5-36中不透明度为10%的效果。

Photoshop CC 2018中提供了20多种混合模式，可以通过【正常】选项右侧的下拉按钮展开混合模式下拉列表选择想要的预定义模式。下面详细阐述一下混合模式的含义。

- 【正常】模式：编辑或绘制每个像素，使其成为结果色。这是默认模式（在处理位图图像或索引颜色图像时，【正常】模式也被称为阈值）。

图5-36 不透明度分别为100%、50%和10%时的效果对比

图5-37 填充为10%效果

- 【溶解】模式：编辑或绘制每个像素，使其成为结果色。但是，根据任何像素位置的不透明度，结果色由基色或混合色的像素随机替换。
- 【变暗】模式：查看每个通道中的颜色信息，并选择基色或混合色中较暗的颜色作为结果色。将替换比混合色亮的像素，而比混合色暗的像素保持不变。
- 【正片叠底】模式：查看每个通道中的颜色信息，并将基色与混合色进行正片叠底，结果色总是较暗的颜色。任何颜色与黑色正片叠底产生黑色，任何颜色与白色正片叠底颜色保持不变。当用黑色或白色以外的颜色绘画时，绘画工具绘制的连续描边会产生逐渐变暗的颜色。这与使用多个标记笔在图像上绘图的效果相似。

- 【颜色加深】模式：查看每个通道中的颜色信息，并通过增加两者之间的对比度使基色变暗以反映出混合色，与白色混合后不产生变化。
- 【线性加深】模式：查看每个通道中的颜色信息，并通过减小亮度使基色变暗以反映混合色，与白色混合后不产生变化。
- 【深色】模式：比较混合色和基色的所有通道的总和，并显示值最小的颜色。【深色】模式不会生成第3种颜色（可以通过【变暗】模式获得，因为它将从基色和混合色中选择最小的通道值来创建结果颜色）。

如图5-38所示分别为【变暗】【正片叠底】【颜色加深】【线性加深】和【深色】模式的效果对比。

图5-38　图像在不同模式下混合后的效果对比（1）

- 【变亮】模式：查看每个通道中的颜色信息，并选择基色或混合色中较亮的颜色作为结果色。比混合色暗的像素被替换，比混合色亮的像素保持不变。
- 【滤色】模式：查看每个通道中的颜色信息，并将混合色的互补色与基色进行正片叠底，结果色总是较亮的颜色。用黑色过滤时颜色保持不变，用白色过滤时将产生白色。此效果类似于多个摄影幻灯片在彼此之上投影。
- 【颜色减淡】模式：查看每个通道中的颜色信息，并通过减小两者之间的对比度使基色变亮以反映出混合色，与黑色混合时则不发生变化。
- 【线性减淡（添加）】模式：查看每个通道中的颜色信息，并通过增加亮度使基色变亮以反映混合色，与黑色混合时则不发生变化。
- 【浅色】模式：比较混合色和基色的所有通道值的总和，并显示值较大的颜色。【浅色】模式不会生成第3种颜色（可以通过【变亮】模式获得），因为它将从基色和混合色中选取最大的通道值来创建结果色。

如图5-39所示分别为【变亮】、【滤色】、【颜色减淡】、【线性减淡(添加)】和【浅色】模式的效果对比。

图5-39　图像在不同模式下混合后的效果对比（2）

- 【叠加】模式：对颜色进行正片叠底或过滤，具体效果取决于基色。图案或颜色在现有像素上叠加，同时保留基色的明暗对比。不替换基色，但基色与混合色相混以反映原色的亮度或暗度。

- 【柔光】模式：使颜色变暗或变亮，具体效果取决于混合色。此效果与发散的聚光灯照在图像上相似。如果混合色（光源）比50%灰色亮，则图像变亮，就像被减淡了一样。如果混合色（光源）比50%灰色暗，则图像变暗，就像被加深了一样。使用纯黑色或纯白色上色，可以产生明显变暗或变亮的区域，但不能生成纯黑色或纯白色。

- 【强光】模式：对颜色进行正片叠底或过滤，具体效果取决于混合色。此效果与耀眼的聚光灯照在图像上相似。如果混合色（光源）比50%灰色亮，则图像变亮，就像过滤后的效果，这对向图像添加高光非常有用。如果混合色（光源）比50%灰色暗，则图像变暗，就像正片叠底后的效果，这对向图像添加阴影非常有用。用纯黑色或纯白色上色会产生纯黑色或纯白色。

- 【亮光】模式：通过增加或减小对比度来加深或减淡颜色，具体效果取决于混合色。如果混合色（光源）比50%灰色亮，则通过减小对比度使图像变亮；如果混合色比50%灰色暗，则通过增加对比度使图像变暗。

- 【线性光】模式：通过减小或增加亮度来加深或减淡颜色，具体效果取决于混合色。如果混合色（光源）比灰色亮，则通过增加亮度使图像变亮；如果混合色比灰色暗，则通过减小亮度使图像变暗。

- 【点光】模式：根据混合色替换颜色。如果混合色（光源）比50%灰色亮，则替换比混合色暗的像素，而不改变比混合色亮的像素。如果混合色比50%灰色暗，则替换比混合色亮的像素，而比混合色暗的像素保持不变。这对于向图像添加特殊效果非常有用。
- 【实色混合】模式：将混合颜色的【红色】、【绿色】和【蓝色】通道的值添加到基色的RGB值中。如果通道的结果总和大于或等于255，则值为255；如果小于255，则值为0。因此，所有混合像素的【红色】、【绿色】和【蓝色】通道的值要么是0，要么是255。此模式会将所有像素更改为主要的加色（红色、绿色或蓝色）、白色或黑色。

注意　对于CMYK图像，【实色混合】模式会将所有像素更改为主要的减色（青色、黄色或洋红色）、白色或黑色。最大颜色值为100。

如图5-40所示为【叠加】【柔光】【强光】【亮光】【线性光】【点光】和【实色混合】模式的效果对比。

图5-40　图像在不同模式下混合的效果对比（3）

- 【差值】模式：查看每个通道中的颜色信息，并从基色中减去混合色，或从混合色中减去基色，具体效果取决于哪一个颜色的亮度值更大。与白色混合将反转基色值，与黑色混合则不产生变化。

- 【排除】模式：创建一种与【差值】模式相似但对比度更低的效果。与白色混合将反转基色值，与黑色混合则不发生变化。
- 【减去】模式：查看每个通道中的颜色信息，并从基色中减去混合色。在8位和16位图像中，任何生成的负片值都会被剪切为0。
- 【划分】模式：查看每个通道中的颜色信息，并从基色中分割混合色。
- 【色相】模式：用基色的亮度和饱和度及混合色的色相创建结果色。
- 【饱和度】模式：用基色的亮度和色相及混合色的饱和度创建结果色。在无（0）饱和度（灰度）区域上用此模式绘画不会产生任何变化。
- 【颜色】模式：用基色的亮度及混合色的色相和饱和度创建结果色。这样可以保留图像中的灰阶，并且对于给单色图像着色和给彩色图像着色都会非常有用。
- 【明度】模式：用基色的色相和饱和度及混合色的亮度创建结果色。用此模式创建的效果与用【颜色】模式创建的效果相反。

如图5-41分别为【差值】【排除】【减去】【划分】【色相】【饱和度】【颜色】和【明度】模式的效果对比。

图5-41　图像在不同模式下混合后的效果对比（4）

2. 图层样式

创作平面设计作品时，为图层添加一些样式会达到更好的效果。在Photoshop CC 2018中可以通过两种不同的操作来添加图层样式。

通过【样式】面板添加样式，如图5-42所示为【样式】面板。或者通过【图层】面板下的【添加图层样式】按钮，为图层添加样式。

【样式】面板中除了默认样式外，还可以单击面板右上角的按钮，打开如图5-43所示的下拉菜单，可以在该下拉菜单中选择需要载入的样式，这时弹出询问提示对话框，如图5-44所示。单击【确定】按钮直接替换默认样式，单击【追加】按钮保留默认样式。

图5-42　【样式】面板

图5-43　【样式】面板菜单

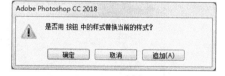
图5-44　提示对话框

如图5-45所示为单击【确定】按钮后【样式】面板的效果，如图5-46所示是为长方形添加了样式的效果。如果要禁用刚刚使用的样式，可以单击【样式】面板上的禁用按钮。

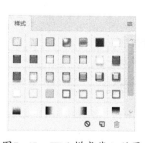
图5-45　Web样式载入效果

图5-46　图像添加样式后的效果

样式确定后，以前的样式就不知去向了。如果要恢复到原始状态，在面板菜单中单选按钮，在弹出的菜单中选择【复位样式】命令即可。

应用样式后的图层如图5-47所示。如果要对样式全部隐藏，可以单击图层下面【效果】左侧的按钮 ◉，如图5-48所示。如果要隐藏样式中的某个样式，那就在对应的样式前面单击按钮 ◉，如图5-49所示。

图5-47 应用样式后的图层效果　　图5-48 隐藏样式后的图层效果　　图5-49 隐藏部分样式后的图层效果

在【图层样式】对话框中，除了能够添加样式，还可以修改以前的样式。单击【添加图层样式】按钮 fx，在下拉菜单中选择【混合选项】命令，弹出【图层样式】对话框，如图5-50所示。

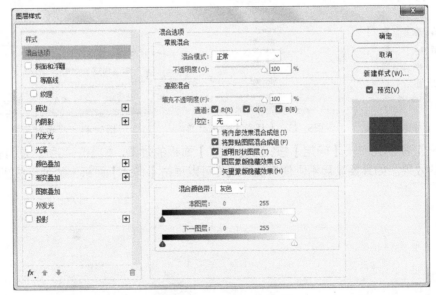

图5-50 【图层样式】对话框

下面来介绍【图层样式】对话框里面的基本参数。

- 【混合选项】参数：用于设置图像综合参数及混合方式。
- 【斜面和浮雕】参数：为图像制作三维立体效果。
- 【描边】参数：在图像边缘制作描边效果。
- 【内阴影】参数：在图像内侧设置阴影效果。
- 【内发光】参数：将发光的效果方向改于内部。
- 【光泽】参数：用于给图像制作高光效果、制作光泽效果。
- 【颜色叠加】参数：给绘制的图像添加单一的颜色效果。

- 【渐变叠加】参数：为图像添加渐变效果。
- 【图案叠加】参数：为图像添加图案效果。
- 【外发光】参数：类似于投影效果，可以在图像四周制作发光效果。
- 【投影】参数：用于为图像添加投影效果。

新建图层样式

在Photoshop CC 2018中，自带的图层样式不能满足需要，用户可以自己创建新的图层样式，并将制作好的图层样式保存在【样式】面板中。具体操作如下。

1 在图层中创建好图层样式后，可以将该效果（所有效果或其中单独的一个效果）从【图层】面板拖曳到【样式】面板中空白的位置，当鼠标指针变成 后单击，如图5-51所示。打开【新建样式】对话框，如图5-52所示。

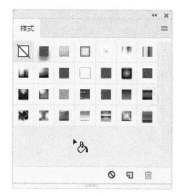

图5-51　拖曳样式时的效果

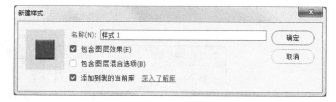

图5-52　【新建样式】对话框

2 在【样式】面板中，按住【Alt】键，单击【样式】面板的【创建新样式】按钮 ，可以直接创建一个新样式。

复制图层样式

当两个或两个以上的图层要使用相同的样式时，除了使用新建样式的方法外，还可以将制作好的样式快速复制到指定的其他图层上。

复制图层样式的方法比较简单，选中制作样式的图层并右击，在弹出的快捷菜单中选择【拷贝图层样式】命令，如图5-53所示。

图5-53　【拷贝图层样式】命令

选中要复制样式的图层并右击，在弹出的快捷菜单中选择【粘贴图层样式】命令，将复制好的图层样式，复制到指定图层中，如图5-54所示。

此时会觉得图层的样式并不适用于该图像，如果再调整就会破坏原有的参数，可以执行【图层】→【图层样式】→【缩放效果】命令，打开【缩放图层效果】对话框，如图5-55所示。设置完成后单击【确定】按钮即可。

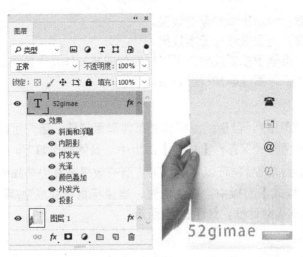

图5-54 复制样式后的图层

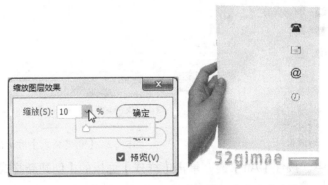

图5-55 【缩放图层效果】对话框与缩放后的效果

3. 图层蒙版

当用户选择某个图像的部分区域时，未选中区域将被蒙版遮盖或受保护以免被编辑。因此，创建了蒙版后，当用户要改变图像某个区域的颜色，或者要对该区域应用滤镜或其他效果时，用户可以隔离并保护图像的其余部分。

蒙版与通道非常相似，都是以灰色图像的形式出现在【图层】面板中的，可以使用不同的工具编辑与修改后，再应用到图像上，默认时黑色部分为蒙版区域，编辑时表示被保护不显示，白色部分表示可编辑区域，灰色部分显示为半透明。

蒙版可以使修改图像和创建复杂的选区的操作变得更加方便，在Photoshop CC 2018中，蒙版是以临时Alpha通道存储的，选中该图层蒙版时，通道才会出现。

在Photoshop中有4种蒙版。

- **图层蒙版**：是与分辨率相关的位图图像，可使用绘画或选择工具进行编辑，以控制图层中的不同区域显示与隐藏。
- **矢量蒙版**：与分辨率无关，可使用钢笔或形状工具创建。
- **快速蒙版**：可以将选区临时转换成蒙版，以控制图层中的不同区域的显示与隐藏。快速蒙版带有不透明的颜色，在图像上有叠加的效果，可以使用户更直观地编辑与局部细化图像，退出快速蒙版后在图像上会显示一个选区。

第5章 图层的应用

通道蒙版：可以通过存储和载入方式创建永久性通道蒙版。在使用蒙版时从Alpha通道中直接载入即可。

添加图层蒙版

添加图层蒙版的操作方法如下。

1. 打开素材文件"草.jpg"，复制或者双击背景图层，将背景图层转换为普通图层。在这里笔者复制了背景图层，按【Ctrl+J】组合键复制即可，然后隐藏背景图层，创建选区如图5-56所示。

图5-56 创建选区与图层效果

2. 单击【图层】面板底部的【添加图层蒙版】按钮，为图层添加一个蒙版，选区以外的区域将被遮盖，如图5-57所示。

图5-57 图像建立蒙版与图层效果

除了以上的方法外，还可以通过【图层】→【图层蒙版】命令创建蒙版。读者可以自己动手尝试一下。

 注意：在未建立选区的情况下，创建蒙版时为空白蒙版，表示全部显示。还需要注意的是，在背景图层上是不能直接创建蒙版的，要么复制背景图层，要么将背景图层转换成普通图层后再操作。

添加矢量蒙版的操作方法如下。

1. 同样打开素材文件"草.jpg"，按【Ctrl+J】组合键复制背景图层。隐藏背景图层后选择"钢笔工具"或形状工具组中的工具，在工具选项栏中选中【路径】选项，然后创建路径，如图5-58所示。

图5-58 创建路径与图层效果

2. 单击【图层】面板底部的【添加图层蒙版】按钮。单击一次是添加图层蒙版，再次单击才是添加矢量蒙版，效果与图层显示如图5-59所示。

图5-59 矢量蒙版与图层效果（1）

3. 也可以在第一次单击【添加图层蒙版】按钮时，就使用矢量蒙版：在单击【添加图层蒙版】按钮前，按住【Ctrl】键再单击，如图5-60所示。

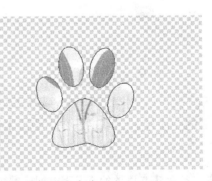

图5-60 矢量蒙版与图层效果（2）

编辑图层蒙版

为图层添加蒙版后，就可以进行各种操作。常用的方法是通过"画笔工具"来显示与隐藏图层中的内容。

下面我们通过一个简单的案例，来讲解一下蒙版的使用方法。

1. 打开素材文件"爱心巧克力.jpg"与"母女.jpg"，并将"母女.jpg"这张图像拖曳到"爱心巧克力.jpg"的图像上。调整大小后，如图5-61所示。

图5-61 拖放图像并调整大小后的效果

2 使【图层1】保持选中状态，单击【图层】面板底部的【添加图层蒙版】按钮，为【图层1】添加蒙版效果，如图5-62所示。选中要编辑的蒙版，在选择时用户要注意选择的状态，左侧为编辑图像状态，右侧为编辑蒙版状态。

图5-62 左侧为编辑图像状态、右侧为编辑蒙版状态

3 将"前景色"设置为黑色，选中图层蒙版，然后用"画笔工具"在图像中拖动，鼠标经过的区域将会被遮盖，变成透明的，如图5-63所示。

图5-63 擦除人物以外的内容

4 在擦除的过程中，若图像需要保留的部分被擦除了，可以将"前景色"设置为白色，再去要显示的图像部位擦除即可显示此处的图像。

停用、应用与删除蒙版

编辑过的蒙版，需要与以前的效果进行比较时，用户可以根据需要对蒙版进行停用或删除，其操作方法如下。

- **停用图层蒙版**：在蒙版的缩览图上右击，在弹出的快捷菜单中选择【停用图层蒙版】命令。图像恢复成原始状态，蒙版缩览图上有一个红色的"×"，如图5-64所示。当需要再次应用蒙版时，还是在蒙版的缩览图上右击，在弹出的快捷菜单中选择【启用图层蒙版】命令即可。

图5-64 停用图层蒙版与图层效果

- **应用图层蒙版**：在蒙版的缩览图上右击，在弹出的快捷菜单中选择【应用图层蒙版】命令，此时图层蒙版的缩览图消失，表明该图层不能再作为蒙版进行编辑了。同时保留的部分作为当前图层显示，屏蔽的内容则被删除，如图5-65所示。

图5-65 应用图层蒙版与图层效果

- **删除图层蒙版**：在蒙版的缩览图上右击，在弹出的快捷菜单中选择【删除图层蒙版】命令，可以将蒙版彻底删除，将图层转换成普通图层，效果如图5-61所示。

5.2 进阶——制作海报

本节制作一幅保护动物的海报宣传画，帮助读者对学习的内容进行巩固与加深，主要涉及图层的样式、位置、图层蒙版等操作。

第5章　图层的应用

最终效果

本节示例的最终效果如图5-66所示。

解题思路

1. 新建图像文件。
2. 不同图像的合并。
3. 使用图层样式。

操作步骤

1. 新建一个图像文件，"宽度"为377毫米，"高度"为591毫米，"分辨率"为72像素/英寸，如图5-67所示。
2. 打开"自然.jpg"素材图像，并选取男人与女人脸的部分，拖放到新建文件中，如图5-68所示。

图5-66　最终效果图

图5-67　【新建文档】对话框

图5-68　拖放图像后的效果

3. 单击【图层】面板底部的【创建新图层】按钮，新建图层后，并对其填充对称渐变效果，如图5-69所示，并将图层的"不透明度"设置为43%。

图5-69　对称渐变效果

137

4 单击【图层】面板底部的【创建新图层】按钮，新建图层后，并对其填充径向渐变效果，如图5-70所示，并将图层的"不透明度"设置为18%。

图5-70 径向渐变效果

5 打开素材文件"狮子.jpg"，并将狮子从图像中抠出来，拖放到新建的图像中。并在【狮子】图层上添加【颜色叠加】图层样式，颜色为灰色，如图5-71所示。

图5-71 添加【颜色叠加】图层样式

6 设置好图层样式后，为图像添加文字效果，并对文字大小与字体进行设置，如图5-72所示。并设置图层样式，参数如图5-73所示。

图5-72 文字输入

第5章　图层的应用

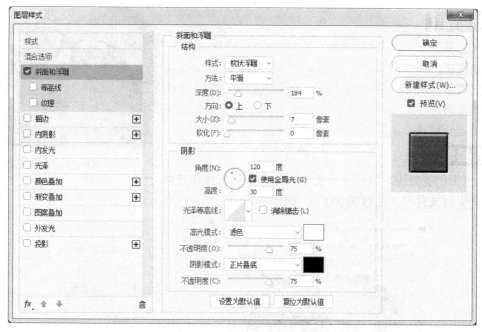

图5-73　【图层样式】对话框参数

7 在图像上加上说明文字，如图5-74所示为图层的显示和图像的最终效果。

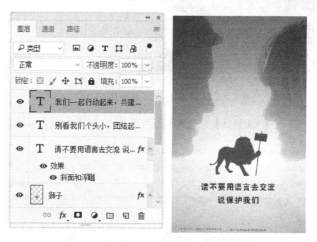

图5-74　图层的显示和图像的最终效果

5.3 提高——修改太阳镜反射的景象

本例通过设置蒙版、滤镜和图层混合模式，替换太阳镜上反射的景象。

最终效果

先来看一下制作后的最终效果，如图5-75所示。

解题思路

1. 选区工具。
2. 复制图层。
3. 图层蒙版。
4. 滤镜效果。
5. 图层混合模式。

操作提示

图5-75 最终效果

通过案例的效果，我们来分析一下操作方法与操作技巧。

1. 打开素材文件"太阳眼镜.jpg"，如图5-76所示。

图5-76 素材文件"太阳眼镜.jpg"

2. 抠选出镜片选区，并按【Ctrl+J】组合键复制图层，如图5-77所示。

图5-77 选择复制图层

3. 将"草坪.jpg"素材文件拖曳到该图像中，将分别载入左、右镜片图层的选区，添加蒙版后得到的效果如图5-78所示。

第5章 图层的应用

图5-78 添加蒙版

4 分别载入选区后,对图像添加【球面化】滤镜,如图5-79所示。
5 添加球面化效果,图像效果如图5-80所示。

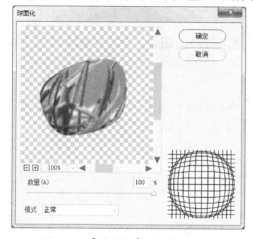

图5-79 【球面化】对话框

图5-80 球面化效果

6 分别对图层添加【柔光】图层混合模式,得到的效果如图5-81所示。

图5-81 【柔光】图层混合模式后的图像效果

141

5.4 答疑与技巧

问：如何更改图层的上下位置？

可以通过鼠标拖曳指定的图层，将其拖放到另一个图层的上方或下方。还可以通过组合键调整图层位置：【Ctrl+[】组合键，下移一层；【Ctrl+]】组合键，上移一层；【Ctrl+Shift+[】组合键，移动到最后一层（即背景图层的上面第一层）；【Ctrl+Shift+]】组合键，移动到最上面一层（即顶层）。

问：图层的蒙版有几种类型？

有4种，分别如下。

- **图层蒙版**：只认识黑白色阶，黑色隐藏；白色显示。
- **矢量蒙版**：根据轮廓显示内容。
- **快速蒙版**：可以将选区临时转换成蒙版，以控制图层中的不同区域的显示与隐藏。快速蒙版带有不透明的颜色，在图像上叠加效果，可以使用户更直观地编辑与局部细化，退出快速蒙版后在图像上会显示一个选区。
- **通道蒙版**：可以通过存储和载入的方式创建永久性通道蒙版。在使用蒙版时从Alpha通道中直接载入即可。

问：如何直接创建矢量蒙版？

创建蒙版时先创建的是位图蒙版，再单击【添加图层蒙版】按钮后才添加矢量蒙版。如果按住【Ctrl】键的同时单击【添加图层蒙版】按钮，可以直接创建矢量蒙版。

问：创建的路径有几种类型？

两种，一种是临时路径；另一种是保存路径。

结束语

通过本章的学习，希望读者能够更好地掌握图层的应用，并对图层的应用进行举一反三的练习，这样才能更好地应用与操纵图层。

Chapter 6

第6章
路径的应用

本章要点

入门——基本概念与基本操作
- 路径概念与基础
- 路径工具组
- 路径编辑
- 【路径】面板
- 文字与路径

进阶——典型实例
- 绘制宣传画

提高——自己动手练
- 制作酷炫图画

答疑与技巧

本章导读

Photoshop中的路径是一种矢量图形,使用Photoshop中的路径工具能创建复杂的图像选区。读者可以对路径形状进行调整,也可以沿路径执行填充与描边操作。路径与选区可以互相转换。

6.1 入门——基本概念与基本操作

路径工具组如图6-1所示。

路径的用途十分广泛,在Photoshop CC 2018中占很重要的地位,路径中的很多操作要借助【路径】面板。

6.1.1 路径的基础知识

在Photoshop中,路径可以是一条或多条直线、一条曲线或是任意的形状等。这些线条可以闭合,也可以不闭合。矢量形状是使用形状工具组或"钢笔工具"绘制的直线和曲线。矢量形状与分辨率无关,因此,它们在调整大小、打印到PostScript打印机、存储为PDF文件或导入到基于矢量的图形应用程序时,都会保持清晰的边缘。可以创建自定形状库和编辑形状的轮廓(称作路径)及路径的属性(如描边、填充颜色和样式)。

路径主要由锚点、线段和控制柄构成,如图6-2所示为一条路径。

图6-1 路径工具组　　　　图6-2 路径效果

路径常用术语如下。

- **锚点**:路径中每条线段或曲线两端的点称之为锚点。由小正方形表示,白色状态为当前锚点未被选中,黑色状态为锚点被选中。绘制路径时,单击并拖动鼠标会创建一个平滑点,如果想切换平滑点的类型,可以使用"转换点工具"转换。单击可以把平滑点转换成角点,拖动可以把角点转换为平滑点,使两条线段以弧线方式连接。
- **角点**:绘制了一条曲线路径后,按住【Alt】键拖动刚建立的平滑点两端的子锚点,拖动将其转换成带有两个独立控制柄的角点,然后在不同位置再拖动一次,可以创建一个与先前曲线弧度相反的曲线,这两个曲线段之前的锚点称为角点。
- **线段**:一条路径是由多条线段依次连接而成的,线段分为直线段和曲线段两种。使用钢笔工具在图像中的两个不同位置单击,将在两点之间创建一条直线段。如果按住【Shift】键再建立一个锚点,将与前一锚点构成水平、垂直或45°夹角的线段。创建路径时,单击并拖动鼠标即可创建一条曲线。
- **控制柄**:选择一个锚点后,在该锚点上会显示0~2条控制柄,拖动控制柄一端的圆点(称子锚点)即可修改与之关联的线段形状和曲率。
- **闭合路径**:路径的起点和终点重合。若要将路径转换为选区,路径必须为闭合路径。
- **开放路径**:路径的起点和终点未重合,明显带有起点和终点。

6.1.2 认识【路径】面板

路径的基本操作一般都是通过【路径】面板来实现的,下面介绍一下【路径】面板。

【路径】面板通常和【图层】、【通道】面板组合在一个面板组中。若面板组在桌面上显示,直接单击【路径】选项卡可显示【路径】面板;如果面板组不在桌面上显示,可以执行【窗口】→【路径】命令,打开【路径】面板。【路径】面板,如图6-3所示。

【路径】面板的具体参数介绍如下。

- 路径缩览图：用于显示该路径的缩览图，用户可以从中观察路径的大致形状。其缩览图的大小可以调整，单击【路径】面板右上角≡按钮，选择【面板选项】命令，在弹出的对话框中可进行设置，如图6-4所示。

图6-3　【路径】面板　　　　　　图6-4　【路径面板选项】对话框

- 当前路径：在【路径】面板中以灰色显示的路径，用户所有当前操作都是针对当前路径进行的。
- 路径名称：显示路径的名称，可以重命名。
- 工作路径：当使用"钢笔工具"或形状工具组创建路径时，新的路径以工作路径的形式出现在【路径】面板上，并且路径的名称以斜体显示。工作路径是临时的，存储后的工作路径，路径名以正体显示。
- 形状矢量路径：当使用"钢笔工具"或形状工具组创建新的形状图层时，在工具选项栏中单击【蒙版】按钮时，当前路径以矢量蒙版的形式出现在【路径】面板中。
- ●：单击该按钮，可以用前景色填充当前路径。
- ○：单击该按钮，将使用"画笔工具"和当前前景色为当前路径描边，用户也可以选择其他的绘图工具对路径进行描边，按住【Alt】键单击该按钮，将弹出如图6-5所示的【描边路径】对话框，可设置。
- ┆┆：单击该按钮，可以将当前路径转换成选区。
- ◌：单击该按钮，可以将当前选区转换成路径。
- ▣：单击该按钮，可以添加图层蒙版。
- ▫：单击该按钮，建立一个新的路径图层，这种路径不需要保存。
- 🗑：该按钮用于删除路径。

图6-5　【描边路径】对话框

6.1.3 "钢笔工具"的工具选项栏

选择"钢笔工具"，其工具选项栏如图6-6所示。

图6-6　"钢笔工具"的工具选项栏

在工具选项栏上展开【选择工具模式】下拉列表（默认选项【路径】），包含以下三个选项。

- 【形状】：选中该选项可以在图层中创建形状。创建形状图层的工具可以是形状工具组、"钢笔工具"和"自由钢笔工具"。形状图层方便移动、对齐、分布和调整大小，所以形状图层适合矢量图的绘制与Web页面的图形创建。可以在一个图层上绘制多个形状。形状图层包含定义形状颜色的填充及形状的重定义。
- 【路径】：绘制工作路径，可以将其转换为选区，或创建矢量蒙版等，与形状图层一样，是临时路径，会显示在【路径】面板里。

【像素】：直接在图层上绘制，既不会创建新图层，也不会创建路径，只在当前的图层中创建图形形状，并使用前景色填充。【填充像素】按钮只用于形状工具组，如图6-7所示。

图6-7 形状工具组

如图6-8所示为3种不同模式下图层与【路径】面板的显示效果，请注意图片中水面部分的图案效果。

图6-8 3种不同模式效果图

选中【路径】选项后，工具选项栏如图6-9所示。

第6章　路径的应用

图6-9　路径工具选项栏

- **自动添加/删除**：勾选该复选框时，当鼠标移动到路径上时，单击可以添加锚点。当鼠标移动到锚点上时，单击可以删除锚点。
- ：【路径操作】按钮，单击可展开下拉列表，各选项表示路径的不同组合方式，从上到下依次是【新建图层】、【合并形状】、【减去顶层形状】、【与形状区域相交】、【排除重叠形状】和【合并形状组件】选项。

选中【形状】选项后，工具选项栏变为如图6-10所示的样子。

图6-10　形状工具选项栏

- **【路径操作】按钮**：用于设置路径的组合方式，单击按钮可弹出下拉列表，选项如图6-11所示。
- **【填充】和【描边】选项**：用于设置形状的填充或描边颜色，单击色块将打开颜色选取框，如图6-12所示。可以直接在【最近使用的颜色】框中选取颜色，也可以单击右上角的【拾色器】按钮打开【拾色器（填充颜色）】对话框进行精确颜色设置。

图6-11　路径操作选项

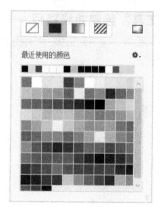

图6-12　颜色选取框

6.1.4　路径的绘制与编辑

在创作中，使用路径可以很容易地创建用户需要的图形，并可以对其进行编辑。在Photoshop CC 2018中，创建路径的主要工具有钢笔工具、自由钢笔工具和形状工具组。而修改路径的工具有转换点工具、路径选择工具和直接选择工具。接下来介绍如何创建与编辑路径。

1. 使用"钢笔工具"绘制直线路径

通过"钢笔工具"可以绘制任意路径，下面介绍不同路径的绘制方法。

选择"钢笔工具"后，在工具选项栏中设置为【路径】模式，将鼠标光标移到图像中，指针变成形状，在图像窗口中单击可创建一个锚点。连续单击不同位置可创建多个锚点，锚点之间会自动以直线进行连接形成路径，如图6-13所示。按【Ctrl+Z】组合键可以撤销前一锚点，按住【Shift】键单击可以绘制水平、垂直与倾斜45°角的直线路径。

147

如图6-14所示，设置工具选项栏，勾选【橡皮带】复选框，路径在绘制过程中如图6-15所示。

图6-13　绘制直线路径　　　　　　　　图6-14　【钢笔选项】设置面板

注意　读者可以比较图6-13与图6-15的区别。

在绘制路径的过程中，若锚点呈黑色的实心小方块，表示该锚点被选中，处于可编辑状态；而以空心小正方形显示的锚点则表示处于非编辑状态。

2. 使用"钢笔工具"绘制曲线路径

选择"钢笔工具"，在图像中拖曳鼠标，此时鼠标会变成 ▶ 形状，同时出现两条控制柄，如图6-16所示。

图6-15　勾选【橡皮带】复选框绘制路径　　　　图6-16　绘制曲线路径中

鼠标松开后在另一位置单击拖动鼠标，即可创建曲线线段，如图6-17所示。绘制过程中按住【Ctrl】键，当鼠标变成 ▶ 形状时拖动控制柄，可改变曲线形状，如图6-18所示。

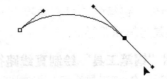

图6-17　绘制曲线的另一端点　　　　　　图6-18　修改曲线路径的形状

3. 闭合路径

若要闭合路径，请将"钢笔工具"定位到第1个（空心）锚点上。如果放置的位置正确，

"钢笔工具"指针旁将出现一个小圆圈形状,单击或拖动可闭合路径,如图6-19所示。

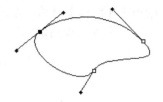

图6-19 创建闭合路径

4. 使用"自由钢笔工具"绘制路径

选择"自由钢笔工具",可用于随意绘图,就像用铅笔在纸上绘图一样。在用户绘图时,将自动添加锚点,无须确定锚点的位置,完成路径后可进一步对其进行调整。

"磁性钢笔"是"自由钢笔工具"的一个选项,它可以绘制与图像中定义区域的边缘对齐的路径,可以定义对齐方式的范围和灵敏度,以及所绘路径的复杂程度。要使用"磁性钢笔"工具,在如图6-20所示的"自由钢笔工具"工具选项栏上勾选【磁性的】复选框即可。

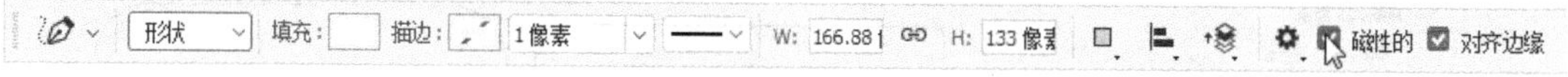

图6-20 "自由钢笔工具"的工具选项栏

单击"自由钢笔工具"的工具选项栏中的【设置其他钢笔和路径选项】,打开【路径选项】面板,如图6-21所示。

【路径选项】面板的具体参数如下。

- 【曲线拟合】文本框:用来控制拖动鼠标产生路径的灵敏度,取值范围是0.5~10像素。数值越高,形成的路径越简单,路径上的锚点越少。

- 【磁性的】复选框:勾选该复选框后,可以激活下面的参数。根据图像中色彩的对比度精确地建立路径。

图6-21 【自由钢笔选项】面板

- 【宽度】文本框:取值范围1~256之间的像素值。"磁性钢笔"只检测从指针开始指定距离内的边缘。

- 【对比】文本框:取值范围1%~100%之间的百分比值,指定将该区域看作边缘所需的像素对比度。此值越高,图像的对比度越低。

- 【频率】文本框:取值范围0~100之间的值,指定钢笔设置锚点的密度。此值越高,路径锚点的密度越大。

使用"自由钢笔工具"时,按住鼠标左键并拖动鼠标,将鼠标移动到图像边缘绘制路径,如图6-22所示。勾选【磁性的】复选框,在图像边缘单击拖动鼠标绘制后,效果如图6-23所示。

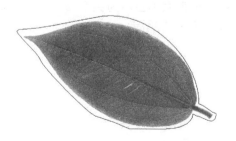

图6-22 "自由钢笔工具"绘制路径效果

图6-23 "磁性钢笔"绘制路径效果

5. 使用形状工具组绘制路径

用形状工具组绘制路径是一件比较省力的事情。选择想要的形状工具,在工具选项栏中单击【路径】选项,在图像中拖动鼠标可创建形状路径。

下面以"圆角矩形工具" ,为例,其工具选项栏如图6-24所示。

图6-24 "圆角矩形工具"的工具选项栏

单击【半径】选项左边的按钮,弹出【自定形状选项】面板,如图6-25所示,在此可以对当前要绘制形状进行设置。例如,设置【半径】文本框中的数值后,取值分别为10px与50px,绘制后如图6-26所示。

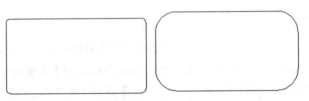

图6-25 【自定形状选项】面板　　图6-26 半径值分别为10px与50px绘制的路径效果

6. 将选区转换为路径

除了可以直接绘制路径外,还可以将选区转换为路径。操作方法:创建选区,如图6-27所示,然后单击【路径】面板底部的【从选区生成工作路径】按钮 ,即可将选区转换成路径,如图6-28所示。

图6-27 创建选区后的效果　　图6-28 将选区设置为路径后的效果

7. 选择与部分选择路径

选择路径锚点或路径线段上的多个锚点,将显示选中部分的所有锚点,包括全部的方向线和方向点(如果选中的是曲线段)。方向点(子锚点)显示为实心圆,选中的锚点显示为实心方形,而未选中的锚点显示为空心方形,如图6-29所示。

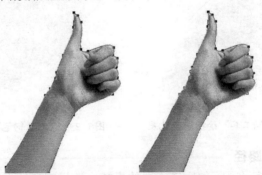

图6-29 全部选中与部分选中效果

选择整条路径：选择工具箱中的"路径选择工具" ▶，将光标放在指定的路径上单击，即可选中路径，如图6-30所示。选中后即可执行移动、删除和变换操作，如图6-31所示为移动路径的效果，按【Delete】键可以删除路径。

图6-30　选择路径　　　　　　　　　图6-31　移动路径

选择路径后，选择【编辑】→【自由变换路径】命令，路径的四周会出现变换框，如图6-32所示。

在变换框中右击，在弹出的快捷菜单中可以选择想要的变换命令，如图6-33所示。

图6-32　选择【自由变换路径】命令后的效果　　　　图6-33　变换命令

默认的变换框可以缩放与旋转，具体操作同第2章中的变换选区。

选择部分路径：选择工具箱中的"直接选择工具" ▶，单击路径上的某个锚点或框选路径中的某些锚点，如图6-34所示。

图6-34　单击选择与框选选择锚点

如果是曲线，路径上会显示子锚点控制柄，单击拖动控制柄可以改变路径的弧形效果，如图6-35所示。

如果是框选部分锚点，只是改变部分路径的位置，如图6-36所示。

图6-35　锚点上的控制柄　　　　图6-36　改变部分路径的形状

8. 编辑路径

绘制完路径后，用户可以对路径进行编辑，对路径上不满意的锚点可以删除，下面简单介绍一下。

要添加锚点，选择钢笔工具组中的"添加锚点工具" ，可以在路径上添加新的锚点。绘制好路径后，用"直接选择工具"激活路径，然后选择"添加锚点工具"移动到指定的路径上，显示 后，单击即可添加，如图6-37所示。

图6-37　添加锚点前后对比

删除锚点与添加锚点操作相反，用于删除路径上多余的锚点，删除锚点路径也会随之变化。用"直接选择工具"激活路径，然后选择"删除锚点工具" 并移动到指定的要删除的路径锚点上，显示 后单击，即可删除锚点，如图6-38所示。

图6-38　删除锚点前后对比

要转换锚点，选择"转换锚点工具" ，可以将路径在直线与平滑曲线之间转换，还可以调节曲线的形状，如图6-39所示，直接移动鼠标指针到锚点上单击从而转换直线，如图6-40所示，在锚点上按住鼠标左键不放并拖动可以改变曲线形状。

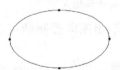 

图6-39　"转换锚点工具"单击前后对比

图6-40 "转换锚点工具"拖动前后对比

6.1.5 【路径】面板的基本操作

与【图层】面板相似,【路径】面板也有一系列简单的操作,例如路径图层的新建、命名、删除等操作。下面来认识一下【路径】面板的具体操作。

1. 在【路径】面板中创建新路径

创建的方法具体有3种,用户可以在操作的时候,根据个人习惯选择一种顺手的方法。

在【路径】面板底部单击【创建新路径】按钮 ,在【路径】面板中会创建空白的存储路径,系统自动命名为"路径1",如图6-41所示。

如果按【Alt】键再单击【创建新路径】按钮 ,会弹出【新建路径】对话框,用户可以自定义新建路径的名称后单击【确定】按钮,如图6-42所示。

图6-41 新建路径　　　　　　　　　图6-42 【新建路径】对话框

还可以直接单击路径绘制工具,如"钢笔工具"或形状工具组中的工具,在图像上绘制路径,如图6-43所示为【路径】面板的显示效果。

2. 绘制并存储工作路径

在未新建路径时,直接绘制的路径系统默认为是工作路径,路径名称显示为斜体,如图6-44所示。工作路径是一种临时路径,为避免在日后的工作中丢失当前路径,用户要对其进行存储。

图6-43 绘制路径后【路径】面板显示效果　　　图6-44 未存储的工作路径

具体存储方法有：将工作路径直接拖曳到【路径】面板底部的【创建新路径】按钮上，系统自动生成【路径1】；按【Alt】键的同时，将工作路径拖曳到【路径】面板底部的【创建新路径】按钮上，会弹出如图6-45所示的对话框，单击【确定】按钮即可。

图6-45　【存储路径】对话框

存储后的工作路径会由斜体变成正体，这样用户就可以直接辨别路径有没有存储了。

3. 复制路径

与复制图层类似，在【路径】面板中，选择要复制的路径，将其拖放到面板底部的【创建新路径】按钮上，松开鼠标键后，将会创建一个副本。

或者选择事先画好的路径，执行【编辑】→【复制】命令，或按【Ctrl+C】组合键，然后选择目标路径，执行【编辑】→【粘贴】命令，或按【Ctrl+V】组合键即可复制。

4. 删除路径

创建好的路径不需要或不满意时，删除也是比较简单，直接选择要删除的路径，将其拖曳到面板底部的【删除当前路径】按钮上，松开鼠标键后即可删除。

或选择工具箱中的【路径选择工具】，在图像上选中要删除的路径后，按【Delete】键即可。

5. 路径的显示与隐藏

当【路径】面板中有多条路径时，可以将暂时不需要的路径隐藏起来。在【图层】或【通道】面板中可以通过"眼睛"图标来显示与隐藏图层或通道，路径的显示与隐藏操作如下。

- 在【路径】面板中选择需要隐藏的路径，按【Ctrl+H】组合键就可以隐藏，再按一下组合键又会恢复隐藏。
- 选择【视图】→【显示】→【目标路径】命令，或按【Shift+Ctrl+H】组合键。

6.1.6　路径的高级应用

高级应用主要包括描边、填充、连接和文字结合。

1. 描边路径

使用"钢笔工具"或形状工具组创建路径后，除了应用蒙版之外，还可以对其进行描边填充等进一步的操作。

路径描边实际上就是使用绘制工具或修饰工具沿路径绘制出一系列的效果，形成特殊复杂的形状。

具体描边操作方法如下。

- 默认描边。绘制好路径后，如图6-46所示。单击【路径】面板底部的【用画笔描边路径】按钮，得到的效果如图6-47所示。

图6-46　绘制路径　　　　　　　　图6-47　描边路径

- 默认描边的颜色为前景色，描边的粗细为当前画笔的粗细。在描边时按住【Alt】键单击【用画笔描边路径】按钮，将弹出如图6-48显示的【描边路径】对话框，可以在【工具】下拉列表框中选择描边类型，默认勾选【模拟压力】复选框后单击【确定】按钮如图6-49所示。

图6-48 【描边路径】对话框

图6-49 勾选【模拟压力】复选框后的描边效果

选择"画笔工具"，单击工具选项栏上的【切换画笔面板】按钮，在【画笔】面板中设置用户效果，如图6-50所示【画笔】面板中的参数，然后再单击【用画笔描边路径】按钮，效果如图6-51所示。

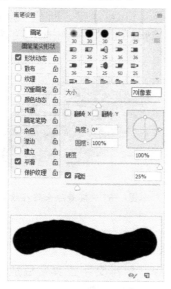
图6-50 【画笔】面板中的参数

图6-51 设置画笔后描边

2. 填充路径

创建完路径后，还可以对路径进行填充操作，其操作方法如下。

在【路径】面板中选择需要填充的路径，单击【路径】面板底部的【用前景色填充路径】按钮。默认情况下的前景色填充如图6-52所示。

按住【Alt】键，单击【路径】面板底部的【用前景色填充路径】按钮，弹出【填充路径】对话框，如图6-53所示。在【内容】下拉列表框中选择填充类型，设置好参数后单击【确定】按钮即可。

图6-52 用前景色填充路径效果

图6-53 【填充路径】对话框

3. 连接路径

用户在创建路径时，并没有将开放的路径闭合，或是在创建时意外取消正在进行的绘制，并想再接着原有路径绘制时，可以将其连接。具体操作方法如下。

- 连接未闭合的开放路径时，如图6-54所示为开放路径，使用"钢笔工具"将指针移动到路径的锚点上单击，激活后再到路径的终点锚点上单击即可，如图6-55所示为闭合后的效果。

图6-54　开放路径　　　　　　图6-55　闭合路径操作

- 在应用"钢笔工具"抠图时，在一半的时候按了【Enter】键，断开了原来的绘制，如图6-56所示，再次接着原来路径绘制时，在"钢笔工具"下单击衔接的锚点即可，如图6-57所示。

图6-56　结束路径绘制　　　　　　图6-57　接着原来路径绘制

4. 创建路径文本

文字与路径结合的方法有两种，具体操作方法如下。

- **文字与开放路径结合**：绘制路径形状后，选择"横排文字工具"后放在指定的路径上，鼠标指针呈现工形状时单击即可输入文字，如图6-58所示。
- **文字与闭合路径结合**：绘制路径形状后，选择"横排文字工具"后放在指定的路径内，鼠标指针呈现①形状时单击即可输入文字，如图6-59所示。

图6-58　文字沿路径方向　　　　　　图6-59　路径内的文字

6.2 进阶——绘制宣传画

本案例主要涉及背景路径效果。通过本例的练习，读者能够掌握路径的绘制与路径的填充及样式设置。

第6章 路径的应用

【最终效果】

本例绘制完成后的效果如图6-60所示。

【解题思路】

1. 新建文件。
2. 图层样式。
3. 复制图层。
4. 绘制路径。
5. 画笔绘制。

图6-60 完成后的效果图

【操作步骤】

1. 单击【文件】→【新建】命令,弹出【新建文档】对话框,参照图6-61所示进行参数设置。

2. 单击【图层】面板下的【创建新图层】按钮,如图6-62所示。双击该图层,在弹出的【图层样式】对话框中进行设置,对图层添加【渐变叠加】图层样式,样式具体参数如图6-63所示。

图6-61 【新建】对话框参数

图6-62 【图层】面板效果

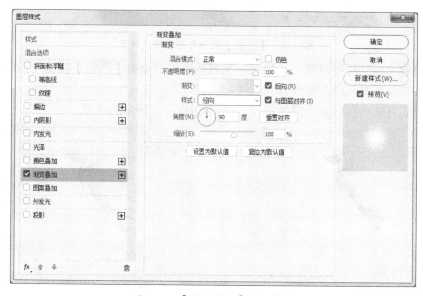

图6-63 【图层样式】面板参数

3 打开"企鹅.jpg"素材文件,并将企鹅抠出,处理后拖放到新建的图层上,如图6-64所示。

图6-64 拖放企鹅效果

4 复制企鹅并添加图层样式,图层与图像的效果如图6-65所示。

图6-65 【图层】面板与图层样式效果

5 选择"钢笔工具"后绘制图形,然后在工具选项栏中单击【形状】按钮,绘制如图6-66所示的效果,并对其添加图层样式效果。

6 使用相同的方法分别绘制不同的路径,得到如图6-67所示的效果。

图6-66 "钢笔工具"绘制效果　　图6-67 绘制路径添加样式后的效果

7 绘制完所有路径后，分别将路径、企鹅群组，如图6-68所示为群组前后的对比。
8 群组后，将企鹅组的位置移动到路径组的上方，得到如图6-69所示的效果。

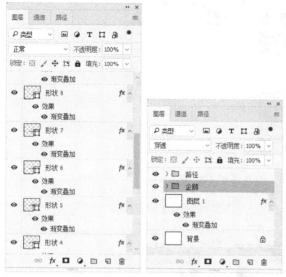

图6-68 群组前后【图层】面板对比

图6-69 改变组的位置

9 新建图层后，在新图层上绘制一些装饰，最终效果如图6-60所示。

6.3 提高——制作酷炫图画

本实例主要讲画笔与路径，并将画笔与路径完美结合来制作酷炫效果，让读者更好地掌握画笔与路径的使用方法。

最终效果

本例的最终效果如图6-70所示。

解题思路

1 渐变工具。
2 多文件合并。
3 图层样式应用。
4 路径绘制。
5 路径描边。
6 画笔绘制。

操作提示

1 新建图像文件，"宽度"为500像素，"高度"为700像素，并新建一个图层填充渐变效果，如图6-71所示。

2 制作背景底纹效果。选择"渐变工具"，前景色与背景色恢复默认后，在工具选项栏上将"渐变工具"的"模式"改成差值，并在工作区中绘制，效果如图6-72所示。

图6-70 最终效果

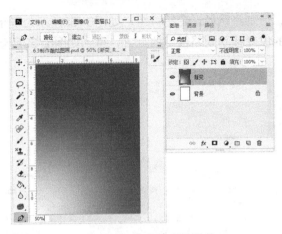

图6-71 渐变填充效果

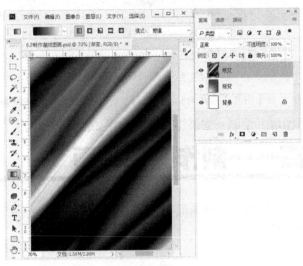

图6-72 渐变效果

3 将图层的"混合模式"设置为柔光,"不透明度"设置为50%,效果如图6-73所示。

图6-73 图层柔光混合

4 打开"水.psd"与"叶子.psd"素材文件,并拖放到新建的文件中,得到的效果如图6-74所示。

图6-74 文件合并

5 设置画笔各个选项的参数,并在图中绘制出如图6-75所示的效果。

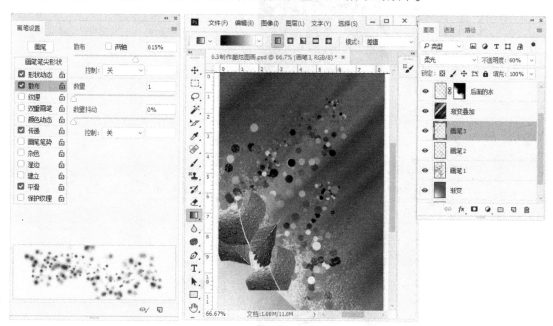

图6-75 画笔绘制

6 打开素材文件"红酒瓶.psd",并将其拖放到图像上并设置强光效果,如图6-76所示。
7 绘制椭圆形路径并对其应用路径描边功能,效果如图6-77所示。
8 重复上面的步骤,分别绘制不同的路径,并添加图层样式,得到的效果如图6-78所示。

图6-76 拖放后的效果

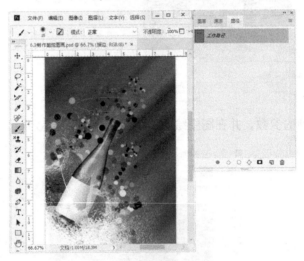

图6-77 路径描边效果

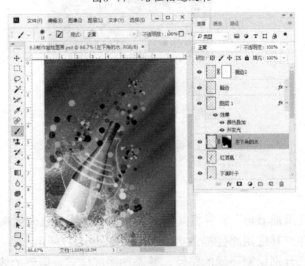

图6-78 添加图层样式与描边路径

6.4 答疑与技巧

问："钢笔工具"绘制闭合路径后，如何快速转换成选区？

按【Ctrl+Enter】组合键可以快速将路径转换成选区。

问：用"钢笔工具"抠图与用选框工具组抠图有什么不同？

在用"钢笔工具"抠图过程中按【Ctrl】移动描点，按【Alt】键转换描点，让抠出的图更光滑。而用选框工具抠图比较死板，更改起来也麻烦。

问：绘制路径后，有些时候怎么看不到绘制的路径？

创建路径后，在【路径】面板中单击对应的路径即可显示路径。

结束语

本章主要学习路径的基本操作，"钢笔工具"的使用在本章中是重点，要熟练地掌握"钢笔工具"的使用技巧与方法，读者才能在日后的工作中应用时得心应手，才能让绘画达到更高的境界。

Chapter 7

第7章
文字的应用

本章要点

入门——基本概念与基本操作
- 文字工具组
- 文字图层
- 创建文字
- 文字格式
- 创建路径文字

进阶——典型实例
- 制作艺术字

提高——自己动手练
- 制作带有雪花效果的艺术字

答疑与技巧

本章导读

文字的应用领域非常广,无论是平面设计还是多媒体设计,都会应用到文字来说明。Photoshop CC 2018中的文字由基于矢量的文字轮廓(即以数学方式定义的形状)组成。

7.1 入门——基本概念与基本操作

7.1.1 文字工具组

文字工具组中包含4种文字工具，如图7-1所示，分别是"横排文字工具"与"直排文字工具"，用于创建水平和垂直文字，并在【图层】面板中建立新的文本图层；"直排文字蒙版工具"与"横排文字蒙版工具"，直接在图像中建立选区，不会建立新的图层。

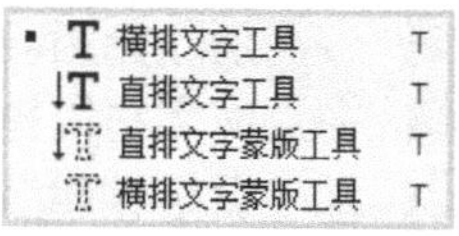

图7-1 文字工具组

7.1.2 文字工具的工具选项栏

各种文字工具的工具选项栏基本相似，这里就以"横排文字工具"为例，来介绍一下具体选项，如图7-2所示。

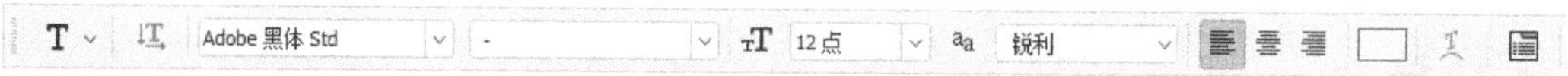

图7-2 "横排文字工具"的工具选项栏

- ：单击此按钮，可以转换文字方向，即可以将水平方向的文字转换成垂直方向的文字，如果是垂直方向的文字则转换成水平方向的文字。
- ：设置字体的下拉列表框，通过单击右边的下拉按钮，可以从弹出的下拉列表中选择需要的文字字体。
- ：设置文字字号（大小），可以指向左边的图标，指针变成形状时，拖动鼠标设置文字字号或者在下拉列表框中输入字号的值。
- ：设置消除锯齿的方法。在Photoshop中提供了7种方法，分别是【无】、【锐利】、【犀利】、【浑厚】、【平滑】、【Windows LCD】与【Windows】选项。
- ：输入横排文字时的对齐方式，分别为左对齐、居中对齐和右对齐；输入竖排文字时，分别为顶端对齐、居中对齐和底端对齐。
- ：设置文本的颜色，单击色块就会弹出【拾色器（文本颜色）】对话框，设置好颜色后单击【确定】按钮即可。
- ：创建文字变形工具，单击后会弹出【变形文字】对话框，对当前文字进行变形设置。
- ：单击此按钮，可以显示或隐藏【字符】和【段落】面板，用于设置文字的格式和段落样式。
- ：前者表示取消当前文字编辑，后者表示接受文字编辑。

7.1.3 认识文字图层

当创建文字时，【图层】面板中会添加一个文字图层，如图7-3所示。在文字图层上是可以使用图层命令的。

不过，在对文字图层进行了栅格化之后，Photoshop会将基于矢量的文字轮廓转换为像素。栅格化的文字不再具有矢量轮廓

图7-3 文字图层效果

并且再不能作为文字进行编辑。

要栅格化文字，可以执行【图层】→【栅格化】→【文字】命令，即可将文字图层转化成普通图层。

对于文字图层可以做以下更改。
- 更改文字的方向。
- 应用消除锯齿。
- 在点文字与段落文字之间转换。
- 基于文字创建工作路径。
- 通过【编辑】菜单应用除【透视】和【扭曲】命令外的变换命令。
- 使用图层样式。
- 使用填充快捷键。
- 使文字变形以适应各种形状。

对于多通道、位图或索引颜色模式的图像，将不会创建文字图层，因为这些模式不支持图层。在这些模式中，文字将以栅格化文本的形式出现。

7.1.4 创建文字

可以通过3种方法创建文字：单击直接创建文字（称为"点文字"），拖动鼠标形成一个方框创建文字（称为"段落文字"），在路径上创建文字。

- **点文字**：是一个水平或垂直文本行，它从在图像中单击的位置开始，向图像中添加少量文字。在某个位置点单击后，输入文本是一种常用的方式，如图7-4所示。
- **段落文字**：使用以水平或垂直方式控制字符流的边界。当想要创建一个或多个段落（比如为广告、杂志创建）时，采用这种方式输入文本十分有用，如图7-5所示。

图7-4　点文字创建效果　　　　　图7-5　段落文字创建效果

- **路径文字**：是指沿着开放或封闭的路径的边缘文字。当沿水平方向输入文本时，字符将沿着与基线垂直的路径出现。当沿垂直方向输入文本时，字符将沿着与基线平行的路径出现。无论在任何情况下，文本都会沿着创建路径时所指定的方向依次分布，如图7-6所示。

如果输入的文字超出段落边界或者路径范围所能容纳的大小，则边界的角上或路径端点处的锚点上将不会出现手柄，取而代之的是一个内含加号（+）的小框或圆，如图7-7所示。

图7-6　路径上的文字　　　　　　　　图7-7　文字内容超出路径

使用"横排文字蒙版工具"与"直排文字蒙版工具",可以创建横向或纵向的文字选区。创建后会在当前图层直接显示,选择另外一个工具时就会出现选区。文字选区像其他选区一样可以复制、移动或填充,如图7-8所示为创建中的文字,如图7-9所示是已经创建好文字后选择别的工具后的效果。

图7-8　输入蒙版文字状态　　　　　　图7-9　蒙版文字输入后的效果

7.1.5　设置文本格式

用户在输入文字后,一般都需要对文字进行相关的设置,包括设置字符的属性,如字体大小、颜色、形状等。

1. 选择文字

选择文字的方法很多,但总的要求都是去编辑它。选择文本中的部分文字,用户可以选择文字工具,然后将鼠标指针移动到指定的文字中单击,拖动鼠标后文字会反色显示,表示被选中,如图7-10所示。

如果要选择图层中的所有字符而不在文本中定位插入点,请在【图层】面板中选择文字图层,然后双击图层的缩览图,如图7-11所示。

 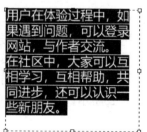

图7-10　选中后的文本　　　　　　图7-11　双击缩览图全选文本

2. 文字属性

选中文字后,就可以对文字在工具选项栏中进行设置,或可以通过【字符】与【段落】面板进行设置。

选择文字工具,在图像中指定插入点后输入文字,然后单击工具选项栏中的按钮,打开【字符】面板,如图7-12所示。

在【字符】面板中设置文字属性的方法都是相似的，单击每一个下拉列表框右边的下拉按钮，选择下拉列表中的相应数值。还可以直接输入数值，或者用鼠标指向下拉列表框左侧的图标上，当鼠标指针变成🖐形状时，向左或向右拖动来改变数值。

- 宋体：与工具选项栏中的相关选项一样，单击其右侧下拉按钮，在弹出的下拉列表中选择相应的数值。
- Regular：设置文字样式，下拉列表中的值一般应用于英文字体。
- T 12点：设置文字的大小（字号）。
- 🗛（自动）：设置行距，应用在段落文本中。输入段落文本如图7-13所示。

图7-12　【字符】面板 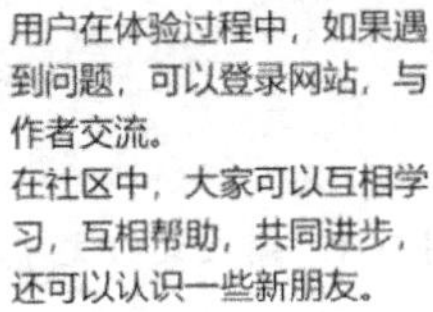　　　　　图7-13　默认设置时的文本

如图7-14所示，分别调小、增大了文本的行距值。

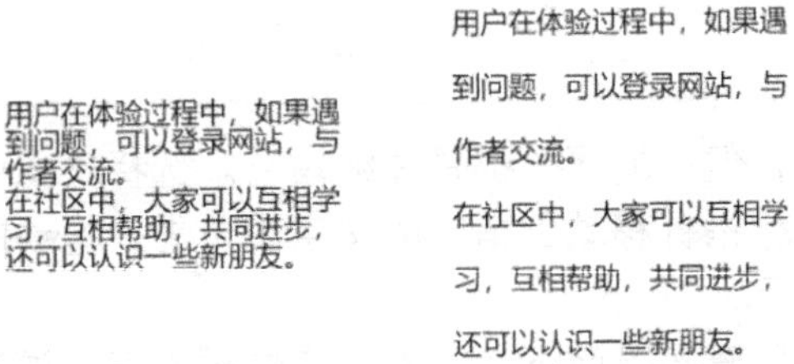

图7-14　左边行距值调小，右边行距值增大

- V/A 0：微调两字符间的距离，值越大则间距越大。设置此下拉列表框时，是不需要选中文字的，只要在两文字之间单击就可以设置了。
- VA 0：设置所选字符间距，值越大则间距越大。
- 🗛 0%：设置字符间距的比例，数值越大，字距越小；数值越小，字距越大。如图7-15所示，值分别为10%与100%时文字显示的效果。

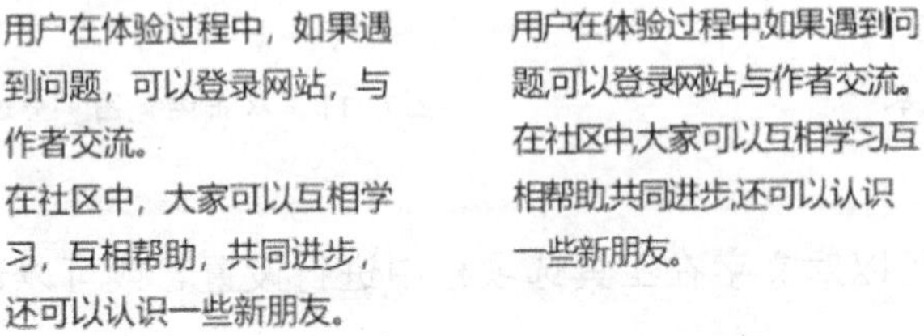

图7-15　设置字符的间距

- IT 100%：设置文本垂直方向上的缩放程度，如图7-16所示为150%的效果。

第7章 文字的应用

- 100%：文字水平方向上的缩放，如图7-17所示为150%的效果。

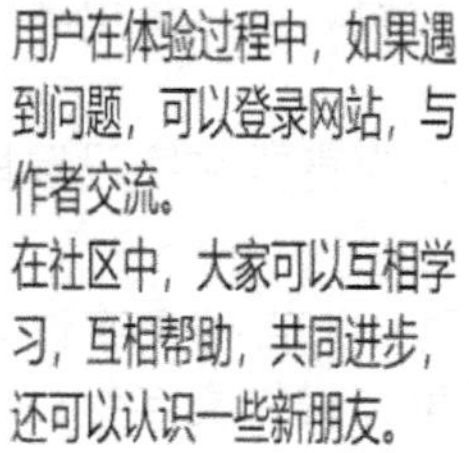

图7-16 文字垂直缩放后的效果 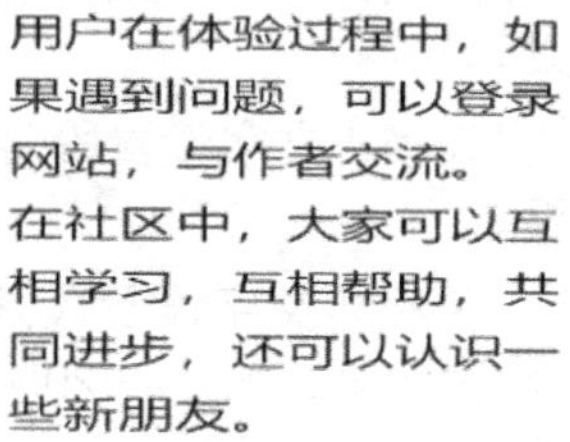   图7-17 水平缩放后的文字效果

- 0点：设置文字基线偏移。选中文本后，此参数设置为正值时文本向上偏移，设置为负值时文本向下偏移，如图7-18所示，值分别为+20与-20时文本的显示效果。

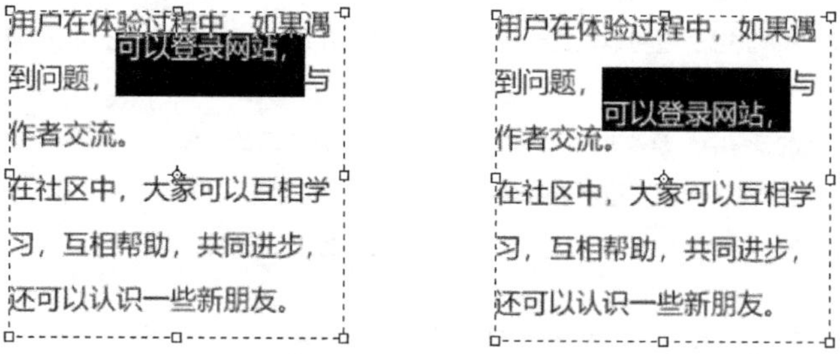

图7-18 设置文本基线偏移的效果

- 颜色：同工具选项栏的设置方法一样，单击会弹出【拾色器】对话框，选择想要的颜色后单击【确定】按钮即可。
- T：设置文本加粗显示。
- T：设置文本倾斜显示。
- TT：将文本中的字母变成大写效果。
- Tr：将文本中的小写字母变成大写字母，但文字的大写字母不变。
- T¹：文本设置为上标效果。例如，数学中常用的公式：$a^2+b^2=c^2$。
- T₁：文本设置为下标效果。例如，化学中经常用的化学成分表示：H_2O。
- T：为文本添加下画线效果。
- T：为文本添加删除线效果。
- 美国英语：选择不同国家的语言方式。
- aa 无：设置字体消除锯齿的方式。

3. 段落格式

除了对文字设置格式之外，也可以对整个段落文本设置格式，主要在【段落】面板中设置。【段落】面板默认时与【字符】面板组合在一起，打开【字符】面板后，单击【段落】选项卡将显示【段落】面板，如图7-19所示。

- ：从左向右，分别为【左对齐文本】、【居中对齐文本】、【右对齐文本】、【最后一行左对齐】、【最后一行居中对齐】、【最后一行右对齐】与【全

图7-19 【段落】面板

部对齐】按钮。

- ![图标] `+≣ 0点`：为横排文字设置段落文本的左侧缩进效果，为直排文字设置段落文本的顶端缩进效果。
- ![图标] `≣+ 0点`：为横排文字设置段落文本的右侧缩进效果，为直排文字设置段落文本的底端缩进效果。
- ![图标] `*≣ 0点`：为横排文字设置段落文本的第1行缩进效果，为直排文字设置段落文本右边第1行的缩进效果，如图7-20所示分别为默认文字效果、横排文字缩进效果与直排文字缩进效果。

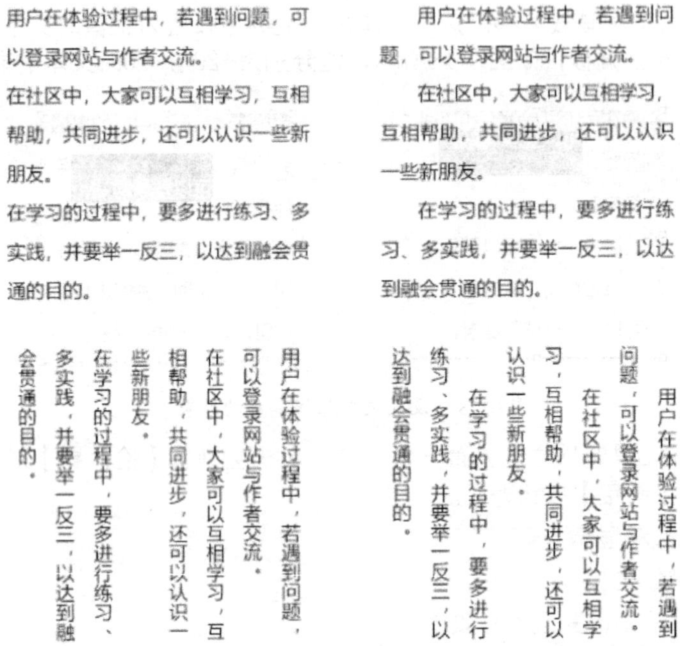

图7-20　横排与直排文字缩进对比

- ![图标] `*≣ 0点`：设置每段段前的距离。
- ![图标] `≣* 0点`：设置每段段后的距离。
- ![图标] `避头尾法则设置：无` `间距组合设置：无`：默认存储的一些格式，用户可以通过这两个下拉列表框选择指定的样式，来设置段落文本的间距。
- ![图标] `☐ 连字`：勾选该复选框可以将文字的最后一个外文单词拆开，形成连字符号，使剩余的字符自动换行。

7.1.6　文字进阶操作

在Photoshop中，除了设置一般的文字效果外，还可以对其进行添加样式、变形、文字图层栅格化等操作。下面来阐述一下相关知识。

1. 文字变形

在Photoshop中输入文字后，可以通过工具选项栏上的【创建文字变形】按钮，使文字发生变形以创建特殊的文字效果。例如，可以使文字的形状变为扇形或波浪形。选择的变形样式是文字图层的一个属性，还可以随时更改图层的变形样式以更改变形的整体效果。变形选项使用户可以精确控制变形效果的取向及透视。如图7-21所示为文字使用了【旗帜】样式（素材文件"圣诞彩球.jpg"）。

 注意：不能变形包含"仿粗体"格式设置的文字图层，也不能变形使用不包含轮廓数据的字体（如位图字体）的文字图层。

- 样式(S)：无：通过该下拉列表框可选择文本最终显示的效果，不同的选项，文字效果会不同。【样式】下拉列表如图7-22所示。

图7-21　【变形文字】对话框参数与效果　　　　图7-22　【样式】下拉列表

- 【水平】与【垂直】单选按钮：设置文本的变形方向。
- 【弯曲】参数：表示文本的弯曲程度。
- 【水平扭曲】参数：设置文本在水平方向上的扭曲程度。
- 【垂直扭曲】参数：设置文本在垂直方向上的扭曲程度。

2. 添加文字样式

与普通图层一样，文字图层也可以添加样式。选中文字图层后，单击【图层】面板上的【添加图层样式】按钮，选择样式后弹出【图层样式】面板，设置效果后单击【确定】按钮，如图7-23所示为文字分别应用了【描边】、【斜面浮雕】样式的效果。

图7-23　为文字添加样式效果

3. 消除文字锯齿

消除锯齿是通过部分填充边缘像素来产生边缘平滑的文字。这样，文字边缘就会混合到背景中。

当创建用于在Web上显示的文字时，需考虑到消除锯齿会大大增加源图像中的颜色数量，这限制了用户减少图像中的颜色数，从而减小图像文件大小。消除锯齿还可能导致文字的边缘上出现零杂的颜色。当减小文件大小和限制颜色数是首要任务时，避免消除锯齿可能是更为可取的方法（尽管会出现锯齿状边缘）。另外，考虑使用比用于打印的文字大些的文字，较大的文字使得在Web上查看更方便，并且使在决定是否应用消除锯齿时拥有更大的自由度。

消除锯齿的方法有很多种类型，可以通过工具选项栏的【设置消除锯齿的方法】下拉列表框来选择，如图7-24和图7-25所示。其中的选项介绍如下。

- 【无】选项：不应用消除锯齿。
- 【锐利】选项：文字以最锐利的效果显示。
- 【犀利】选项：文字以稍微锐利的效果显示。
- 【浑厚】选项：文字以厚重的效果显示。
- 【平滑】选项：文字以平滑的效果显示。
- 【Windows LCD】选项：文字以Windows LCD的效果显示。
- 【Windows】选项：文字以Windows的效果显示。

图7-24　消除锯齿可选项　　　　图7-25　消除锯齿效果对比

4. 文字栅格化

某些命令和工具（如滤镜效果和绘画工具）不可用于文字图层，必须在应用命令或使用工具之前栅格化文字。栅格化将文字图层转换为普通图层，并使其内容不能再作为文本编辑。如果选取了需要栅格化图层的命令或工具，则会出现一条警告信息，如图7-26所示，单击【确定】按钮即可栅格化图层。

直接在文字图层上右击，选择【栅格化文字】命令，或通过【图层】→【栅格化】→【文字】命令栅格化文字，这样不会弹出警告对话框，如图7-27所示为栅格化之前的文字图层与普通图层对比。

图7-26　应用滤镜会栅格化文字的提示信息　　图7-27　栅格化文字图层前后对比

5. 更改文字的方向

在Photoshop中可以直接创建横排与竖排文字，文字创建后可以更改其方向，具体操作方法有如下3种。

- 选择需要改变方向的文字图层，然后执行【文字】→【文本排列方向】→【横排】或【竖排】命令，来改变图层中文字的方向。或者直接在文字图层上右击，在弹出的快捷菜单中选择【横排】或【竖排】命令。
- 选择需要改变方向的文字图层，然后选择工具箱中任意一个文字工具，直接单击工具选项栏上的【切换文本取向】按钮即可。

选择需要改变方向的文字图层，然后单击【字符】面板右上角的按钮，在弹出的菜单中选择【更改文本方向】命令。

7.2 进阶——制作艺术字

【最终效果】

先来看一下案例的最终效果，如图7-28所示。

图7-28 最终效果

【解题思路】

1 新建文件。
2 创建文本。
3 转换为路径。
4 添加图层样式。

【操作步骤】

1 选择【文件】→【新建】命令，【新建文档】对话框的具体参数如图7-29所示。
2 选择"横排文字工具"，文字输入效果如图7-30所示。

图7-29 【新建文档】对话框　　　　　图7-30 输入横排文字

3 单击该图层，执行【文字】→【转换为形状】命令，将文字转换为工作路径，效果如图7-31所示。

4 选择工具箱中的"直接选择工具",对文字进行变形操作,得到的效果如图7-32所示。

图7-31 文字转换形状后的效果

5 设置好变形后,效果如果7-32所示。再在变形文字图层上添加图层样式,最终效果如图7-28所示。图层样式设置如图7-33所示。

图7-32 文字变形后的效果　　　　图7-33 图层样式设置

7.3 提高——制作带有雪花效果的艺术字

【最终效果】

本例带着读者一起来制作一幅条形棒字与字上的雪花效果,得到的最终效果如图7-34所示。

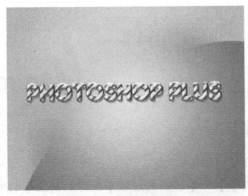

图7-34 最终效果

第7章 文字的应用

| 解题思路 |

1. 新建文件。
2. 创建图案。
3. 输入文本。
4. 添加图层样式。
5. 创建选区。
6. 填充后添加图层样式。

| 操作提示 |

1. 新建"宽度"为800像素、"高度"为600像素的图像,并对其添加渐变效果,如图7-35所示。

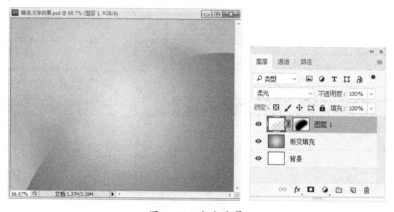

图7-35 渐变背景

2. 输入文本,用户可以自己定义文本内容。并对文本添加图层样式,得到的效果如图7-36所示。

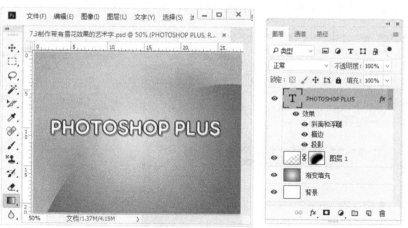

图7-36 文字样式

3. 新建一个透明的背景图像,设置宽和高都为15像素,并将图像放大到最大后设置图案效果,如图7-37所示。
4. 选择"油漆桶工具",在工具选项栏上设置填充区域源为"图案",然后按【Ctrl】键载入文字选区,单击填充得到的效果如图7-38所示。

175

图7-37 透明背景图案效果

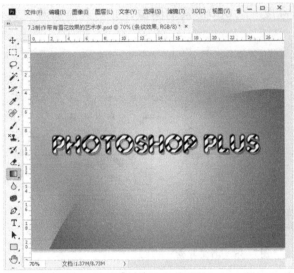

图7-38 图案填充效果

5 填充图案后，对其设置【渐变叠加】图层样式，如图7-39所示。

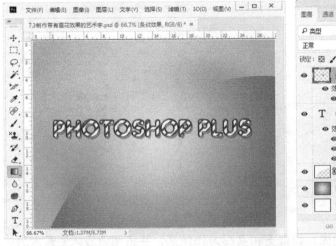
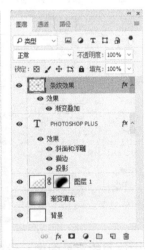

图7-39 【渐变叠加】图层样式

6 复制一个文字图层，拖放到图层最顶上后选择"移动工具"，使用键盘方向键向左与向上分别移动一两个像素后，并对其添加图层样式，效果如图7-40所示。

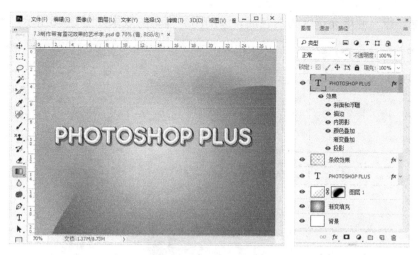

图7-40 复制文字图层并添加图层样式

7 以同样的方式复制【条纹效果】图层，拖放到顶层并向左和向上分别移动1个像素，效果如图7-41所示。

图7-41 复制条纹的效果

8 设置好文字后，使用"钢笔工具"在文字上绘制不规则的路径模拟雪花效果，绘制后按【Ctrl+Enter】组合键将形状转换成选区，效果如图7-42所示。

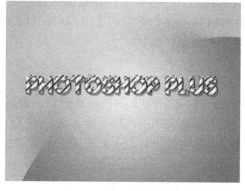

图7-42 绘制选区的效果

⑨ 新建图层"雪"并填充选区为白色后，添加图层样式的效果如图7-43所示。

图7-43　添加雪花效果

7.4 答疑与技巧

问：输入文字后，为什么不能使用【编辑】→【描边】命令？该如何解决？

在Photoshop中，【填充】或【描边】命令是不能直接对文字进行操作的，需要将文字栅格化后才能使用这两个命令。如果想保持原有文本属性，还可以通过图层样式添加【填充】与【描边】命令。

问：栅格化的文字还能再改变字体或字体大小吗？

肯定是不可以的。如果想要改变字体大小或字体，必须返回应用【栅格化】命令之前的状态才可以。

问：在设计过程中，发现系统中缺少字体，该怎么办？

在设计过程中，经常会遇到这种情况。可以根据提示的丢失字体或自己想要的字体名称，通过网络搜索并将其下载后，将字体复制到系统文字的安装目录（C:\WINDOWS\Fonts）中即可。

问：在设计过程中，经常要改变文字的大小与间距，可以通过什么方式更快地操作呢？

首先要看适合哪种方式来操作，一种是通过面板来设置；另一种是通过键盘组合键来实现，【Ctrl+Shif+<】组合键用于缩小字号，【Ctrl+Shift+>】组合键用于放大字号，【Alt+左右方向键】组合键用于改变字间距。

结束语

本章主要学习了Photoshop CC 2018中文字的应用技巧，并通过文字特效与样式来详解文字操作。学习本章后，读者应掌握文字的几种制作方法，还要有创新思维。

在平面设计与网页设计中，字体的设计是不可或缺的，常常会用字体来装饰图像。

Chapter 8

第8章
通道的应用

本章要点

入门——基本概念与基本操作
- 通道基础知识
- 认识【通道】面板
- 通道基本操作
- 通道的高级应用

进阶——典型实例
- 使用通道抠图

提高——自己动手练
- 制作中性色照片

答疑与技巧

本章导读

在Photoshop中，可以用不同的方法对一幅图像独立进行编辑，除了应用选区能够做到外，通道也是实现这一功能的一个选择。具体地讲，通道是存储不同类型信息的灰度图像。

8.1 入门——基本概念与基本操作

通道与图层的基本区别在于：图层中各个像素的属性是以三原色（红、绿、蓝）的数值来表示的，而通道中的像素颜色则是由一组不同亮度的值来表示的。从本质上分析，通道只有一种不同亮度上的颜色，是一种灰度图像。

8.1.1 通道的类型

在Photoshop中，打开图像后会自动创建颜色信息通道，如果图像中有不同的图层，则每个图层都有自己不同的颜色通道信息。通道的数量与图层的多少没有任何关系，它取决于图像的模式。比方说RGB模式的图像有4个通道，而CMYK模式的图像有5个通道。如图8-1所示，可以对其中任何一个通道进行编辑并添加效果。

在Photoshop中，主要有3种类型的通道：颜色信息通道、Alpha通道和专色通道。

1. 颜色信息通道

此通道是在打开新图像时软件自动创建的。图像的颜色模式决定了所创建的颜色通道的数目。例如，RGB图像的每种颜色（红色、绿色和蓝色）都有一个通道，并且还有一个用于编辑图像的复合通道。

说明 复合通道包含着图像的所有颜色信息，改变任何一个通道都会在RGB复合通道中反映出来。

2. Alpha通道

此通道将选区存储为灰度图像。可以添加Alpha通道来创建和存储蒙版，这些蒙版用于处理或保护图像的某些部分。

编辑图像时，想保存自己绘制好的选区，在通道中就会存储一个名为Alpha的通道，如图8-2所示。这个通道是一幅灰度图像，其中白色部分为不透明区，灰色部分为半透明区，黑色部分为透明区。

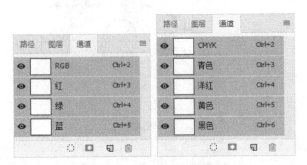
图8-1　不同颜色模式通道对比

图8-2　存储后的效果

3. 专色通道

此通道指定用于专色油墨印刷的附加印版。

> **注意**：只要以支持图像颜色模式的格式存储文件，即会保留颜色通道。只有当以 Photoshop、PDF、TIFF、PSB或RAW格式存储文件时，才会保留Alpha通道，DCS 2.0格式只保留专色通道，以其他格式存储文件可能会导致通道信息丢失。

4.【通道】面板

- ◉：显示与隐藏通道。选择单一颜色通道时，会自动隐藏其余的通道。
- **通道名称**：显示对应通道的名称，可以按下通道右边显示的快捷键来进行显示与否的快速切换。
- ○：将通道作为选区载入。
- ▣：将选区存储为通道。
- ▢：单击可以创建新通道，系统默认新建【Alpha 1】通道。最多可以新建53个通道。
- 🗑：删除通道。选择通道后单击该按钮，或者拖动指定通道到该按钮上可删除通道。
- **通道缩览图**：显示通道的缩览图，当进行通道编辑或图像编辑和修改时，缩览图中的内容也会随之改变。单击面板右上角的 ≡ 图标。在弹出的下拉菜单中选择【面板选项】命令，将弹出【通道面板选项】对话框，如图8-3所示。在此对话框中可以进行不同的设置，以调整通道缩览图的显示大小，如图8-4所示为改变通道缩览图的显示效果。

图8-3 【通道面板选项】对话框

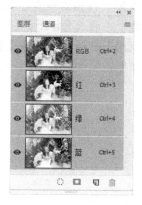

图8-4 改变通道缩览图的效果

8.1.2 通道的基本操作

本节介绍不同类型的通道的操作方法，具体包括创建通道、复制通道、分离和合并通道。

1. 创建Alpha通道

Alpha通道主要用来存储选区，在编辑图像的过程中会经常用到它，所以这里介绍几种创建方法供用户选择。

- 直接单击【通道】面板底部的【创建新通道】按钮▢，即可新建Alpha通道。通常Alpha通道都以黑色显示，如图8-5所示。
- 单击【通道】面板右上角的 ≡ 按钮，在弹出的下拉菜单中选择【新建通道】命令，打开【新建通道】对话框，如图8-6所示。或者按【Alt】键单击【创建新通道】按钮▢，也可以打开【新建通道】对话框。

图8-5 新建Alpha通道

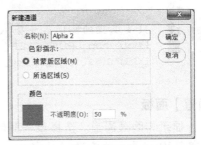

图8-6 【新建通道】对话框

【新建通道】对话框中主要包括以下选项。

- 【名称】文本框：在该文本框中可以输入新建通道的名称。
- 【色彩指示】栏：此栏用于设置色彩显示方式。选中【被蒙版区域】单选按钮表示将蒙版的区域设置成黑色；选中【所选区域】单选按钮表示被蒙版区域设置为白色。
- 【颜色】栏：用于设置通道的颜色，单击色块，在弹出的【拾色器（通道颜色）】对话框中可选择颜色，并设置【不透明度】文本框中的数值。

创建选区后，单击【通道】面板底部的【将选区存储为通道】按钮 ▢，即可将选区存储为Alpha通道。

2. 创建专色通道

专色通道是一种特殊的颜色通道，主要用于在印刷时通过一些特殊颜色来影响整个图像效果。创建专色通道有以下几种方法。

- 按住【Ctrl】键单击【通道】面板底部的【创建新通道】按钮 ▢，打开【新建专色通道】对话框，如图8-7所示。单击【确定】按钮后【通道】面板如图8-8所示。

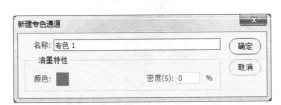

图8-7 【新建专色通道】对话框

图8-8 专色通道效果

- 单击【通道】面板右上角的 ≡ 按钮，在弹出的下拉菜单中选择【新建专色通道】命令，打开【新建专色通道】对话框，单击【确定】按钮也可以创建专色通道。
- 创建Alpha通道后，还可以将其转换成专色通道。单击【通道】面板右上角的 ≡ 按钮，选择【通道选项】命令，将弹出【通道选项】对话框，如图8-9所示选中【专色】单选按钮后单击【确定】按钮即可转换。

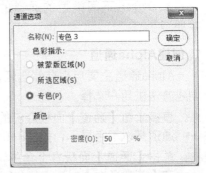

图8-9 将Alpha通道转换为专色通道

3. 复制通道

直接在颜色通道上进行编辑，会破坏整个图像，所以我们可以将其复制出来进行编辑。但复制操作只能对单个颜色通道进行操作，不能对复合通道进行操作。具体操作方法如下。

1 打开"小狗.jpg"素材文件,选择要复制的通道,如图8-10所示。
2 单击【通道】面板右上角的 按钮,在弹出的下拉菜单中选择【复制通道】命令,打开【复制通道】对话框,如图8-11所示。在【为】文本框中输入复制通道的名称,在【文档】下拉列表框中选择将要复制到哪个目标文档中。这次选择了"小狗.jpg"文档。

图8-10 选择颜色通道　　　　　　　图8-11 【复制通道】对话框

3 设置完成后,单击【确定】按钮,【通道】面板效果与图像效果如图8-12所示。

图8-12 复制通道后的效果

 注意 除了通过快捷菜单复制通道外,还可以将指定的通道拖放到【创建新通道】按钮上复制通道。

4. 删除通道

通道可以用于复杂操作,但过多的通道会占用磁盘空间,所以在完成编辑后,建议将不需要保留的通道删除。

删除通道的方法有很多种,具体操作如下。

- 按【Alt】键单击 按钮,即可删除当前所选通道。
- 单击【通道】面板底部的【删除当前通道】按钮 ,在弹出的提示对话框中单击【确定】按钮即可。
- 选择指定的通道,按住鼠标左键并拖曳到 按钮上,也可以删除通道。

5. 分离与合并通道

在Photoshop中,可以将一个图像的各个单一通道以独立的形式存储,也可以将分离的通道进行组合。

分离通道就是将图像文件分离成几个独立的灰度模式文件,分离后可以对图像单独进行编辑,在进行操作时,只需要保留单个通道信息。分离通道对图像起着很好的作用,但

183

只能针对复合通道的图像。如图8-13所示为源图像与【通道】面板效果。

单击【通道】面板右上角的■按钮，在弹出的下拉菜单中选择【分离通道】命令，得到的效果如图8-14所示。

图8-13　源图像与【通道】面板效果　　　　　　图8-14　分离后的3个文件

 注意　通道分离的数量与图像的颜色通道数量有关。CMYK模式就可以分离出4个独立的灰度文件，可以从标题栏查看各个通道的信息。

　　合并通道功能可以将多个灰度图像合并为一个图像的通道。要合并的图像必须处于灰度模式、已被拼合（没有图层）且具有相同的像素尺寸，还要处于打开状态。已打开的灰度图像的数量决定了合并通道时可用的颜色模式。

　　合并通道的操作如下。

1. 打开刚刚分离的3个灰度图像，使其成为当前图像，然后单击【通道】面板右上角的■按钮，在弹出的下拉菜单中选择【合并通道】命令，打开【合并通道】对话框，如图8-15所示。

2. 在【模式】下拉列表框中选择【RGB颜色】选项，同时合并通道的数量会显示在【通道】文本框中，单击【确定】按钮后还会弹出【合并RGB通道】对话框，如图8-16所示。

图8-15　【合并通道】对话框　　　　　　图8-16　【合并RGB通道】对话框

3. 保留默认的通道名称，单击【确定】按钮即可合并通道。

 注意　合并通道时，各个源文件的分辨率和尺寸必须相同，否则不能合并。

8.1.3 通道的高级应用技巧

前面介绍了一些简单的有关通道的基础操作知识,接下来我们进一步学习有关通道的操作,包括存储、载入与计算通道。

1. 存储与载入通道选区

在处理图像的过程中,经常需要用多个选区完成操作,这对于图层来讲是比较难实现的,如果将这些选区存储起来,可以方便下次使用。

首先打开素材文件"兔子.jpg",建立一个选区,如图8-17所示。然后单击【通道】面板底部的【将选区存储为通道】按钮 ,即可将选区存储为通道,如图8-18所示。

图8-17　创建选区效果　　　　　　　　　　图8-18　将选区存储为通道

当需要对存储的选区进行编辑时,可以按住【Ctrl】键并在通道上单击。

2. 计算通道

在【图像】菜单中,有两个关于计算通道的命令:一个是【应用图像】命令;另一个是【计算】命令。可以使用与图层关联的混合效果,将图像内部和图像之间的通道组合成新图像。用户可以使用【应用图像】命令(在单个和复合通道中)或【计算】命令(在单个通道中),这些命令提供了【图层】面板中没有的两个附加混合模式:【添加】和【减去】模式。尽管通过将通道复制到【图层】面板中的图层可以创建通道的新组合,但用户也许会发现采用【计算】命令来混合通道信息会更迅速。

【计算】命令首先在两个通道的相应像素上执行数学运算(这些像素在图像上的位置相同),然后在单个通道中组合运算结果。下列两个概念是理解计算命令工作方式的基础。

应用图像

通道中的每个像素都有一个亮度值,通过【计算】和【应用图像】命令可以处理这些数值以生成最终的复合像素。这些命令叠加两个或更多通道中的像素,因此用于计算的图像必须具有相同的像素尺寸。

- 打开素材文件"小狗.jpg"和"花.jpg",如图8-19和图8-20所示。如果读者想使用自己的图像文件,注意图像的像素尺寸必须是一样的,同时色彩模式也要相同。

图8-19 源图像"小狗.jpg"

图8-20 源图像"花.jpg"

❷ 使"花.jpg"图像处于当前状态，执行【图像】→【应用图像】命令，打开【应用图像】对话框，如图8-21所示。

图8-21 【应用图像】对话框

【应用图像】对话框中的具体参数如下。

- 【源】下拉列表框：其下拉列表中显示当前打开的图像名称，默认为当前处于激活状态的图像。
- 【图层】下拉列表框：指定源文件的哪一个图层用于进行计算，默认情况下选择背景图层。
- 【通道】下拉列表框：选择源文件的哪个通道与图像进行运算。勾选后面的【反相】复选框，表示将源文件反相后再计算。
- 【混合】下拉列表框：表示与源文件的颜色混合模式，其下拉列表中增加了【相加】与【相减】选项，是【图层】面板里没有的模式。【相加】表示增加两个通道中的像素值，这是在两个通道中组合非重叠图像的好方法；【相减】表示从目标通道中相应的像素上减去源通道中的像素值，与相加模式相同，此结果将除以缩放因数并添加到位移值。

第8章　通道的应用

- 【不透明度】文本框：设置计算结果对源文件的影响程度，与【图层】面板中的【不透明度】参数相似。
- 【保留透明区域】复选框：只对非透明的区域进行计算，若图像中只有背景图层，此复选框为灰色不能用状态。
- 【蒙版】复选框：设置选区范围。

3　设置完成后，单击【确定】按钮，效果如图8-22所示。

4　在【应用图像】对话框中勾选【蒙版】复选框后，会增加3个下拉列表框和【反相】复选框，如图8-23所示。

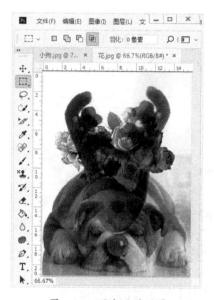

图8-22　混合后的效果

图8-23　【应用图像】对话框

5　单击【确定】按钮后，如图8-24所示为勾选【蒙版】复选框的前后对比。

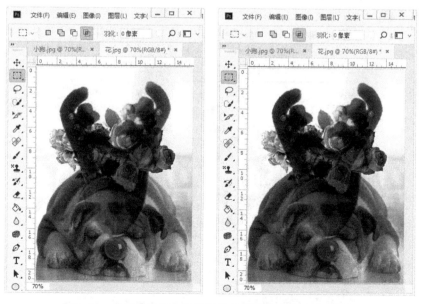

图8-24　勾选【蒙版】复选框前后的效果对比（见彩播）

计算

计算不能应用于复合通道，应用它可以将多个图像源的独立通道混合，然后将合并后的结果保存到一个新的文档或一个新的选区中，还可以是一个新的通道中。

1 打开素材文件"小狗.jpg"和"花.jpg"，如图8-19和图8-20所示。使"花.jpg"图像处于编辑状态，执行【图像】→【计算】命令，打开【计算】对话框，如图8-25所示。

图8-25 【计算】对话框

【计算】对话框中的具体参数如下。
- 【源1】与【源2】下拉列表框：表示当前打开的两个计算的源文件。
- 【图层】下拉列表框：选择源文件相应的图层进行计算。
- 【混合】下拉列表框：对两个源文件混合的模式进行计算。
- 【不透明度】文本框：指定混合图像的强度。
- 【蒙版】复选框：与【应用图像】对话框中的【蒙版】复选框功能相似。
- 【结果】下拉列表框：设置如何安放与保存计算好的结果。

2 设置好后，单击【确定】按钮即可，混合效果如图8-26所示，本例在【结果】下拉列表框中选择了默认的选项。

图8-26 计算后的效果与【通道】面板效果

8.2 进阶——使用通道抠图

本例以使用通道抠小狗图为例，让读者更好地了解通道的使用方法与技巧。

最终效果

本例最终效果如图8-27所示。

图8-27 图像最终效果

解题思路

1. 复制通道。
2. 减淡工具。
3. 载入选区。
4. 建立蒙版。

操作步骤

1. 打开素材文件"小狗2.jpg"，如图8-28所示。
2. 打开【通道】面板，选择其中的【蓝】通道，并将其拖曳到【创建新通道】按钮上，复制得到【蓝 拷贝】通道，如图8-29所示。
3. 选择【蓝 拷贝】通道，按【Ctrl+I】组合键，将通道颜色反相，黑色表示不选择，白色表示选择，如图8-30所示。
4. 周边的毛发要用透明效果显示，所以使用默认的灰色。内部要全部选择，选择"减淡工具"，然后在工具选项栏上的【范围】下拉列表框中选择【高光】选项，涂成如图8-31所示的效果。

图8-28 素材文件"小狗2.jpg"

图8-29 复制通道效果

图8-30 反相后的效果

5. 按住【Ctrl】键，单击【蓝 拷贝】通道载入选区，然后单击RGB复合通道，得到的效果如图8-32所示，【通道】面板效果如图8-33所示。

图8-31 使用"减淡工具"绘涂的效果　　　　图8-32 载入选区后的效果

6 打开素材文件"风景.jpg",将抠选出来的小狗拖放到风景图像上,如图8-34所示。

图8-33 【通道】面板效果　　　　图8-34 拖放后的效果

7 为拖放过去的图层新建一个蒙版,并将不需要显示的部分隐藏,得到的效果如图8-35所示,【图层】面板效果如图8-36所示。

图8-35 为图层添加蒙版　　　　图8-36 【图层】面板效果

8.3 提高——制作中性色照片

最终效果

制作中性色照片的效果如图8-37所示。

图8-37 最终效果

解题思路

1. 转换图像模式。
2. 复制通道。
3. 将通道转换到图层。
4. 图层不透明度。
5. 添加表面模糊效果。

操作提示

1. 打开素材文件"结婚照.jpg",执行【图像】→【模式】→【Lab颜色】命令,得到的通道与图像效果如图8-38所示。

图8-38 Lab颜色模式下的效果

2. 切换到【图层】面板,选择背景图层,按【Ctrl+J】组合键复制图层,如图8-39所示。

图8-39　复制【背景】图层

3. 切换到【通道】面板，选择【明度】通道，按【Ctrl+A】组合键全选后按【Ctrl+C】组合键复制通道。然后切换到【图层】面板，在不选图层的情况下按【Ctrl+V】组合键，得到的效果如图8-40所示。

图8-40　复制【明度】通道

4. 重复第一步，将Lab颜色模式改回RGB颜色模式，在弹出的对话框中单击【不拼合】按钮。并为图层设置不透明度，效果如图8-41所示。

图8-41　为图层设置不透明度

5 对【图层2】执行【滤镜】→【模糊】→【表面模糊】命令，效果如图8-42所示。

图8-42　表面模糊效果

8.4 答疑与技巧

问：Photoshop中的通道有什么作用？

用于存储不同类型颜色信息的灰度图像，在8位深度的颜色模式下，每个通道有256个灰度色阶。在Photoshop中有3种通道：颜色通道、Alpha通道和专色通道。

问：在存储Alpha通道时用户要注意什么操作吗？

在图像中创建多个通道后，会占用很多磁盘空间，所以在图像制作完成后，可以将不需要保留的通道删除，以减少占用的空间。

结束语

本章主要学习了通道的相关内容，并通过一系列例子让大家认识了通道与蒙版还有图层三者如何结合使用，可以制作效果复杂且操作简单的图像。

Chapter 9

第9章
滤镜的应用

本章要点

入门——基本概念与基本操作
- 滤镜基础知识
- 不同滤镜的认识
- 滤镜的操作
- 滤镜的高级应用

进阶——典型实例
- 滤镜的使用与技巧

提高——自己动手练
- 制作动感效果
- 制作水中倒影

答疑与技巧

本章导读

Photoshop CC 2018中提供了上百个滤镜，使用滤镜可以制作出你能想象到的绝大部分效果，制作一些特效也可以应用滤镜。

9.1 入门——基本概念与基本操作

通过使用滤镜,可以修饰照片,并能够为图像制作素描或印象派绘画外观等特殊艺术效果,还可以使用扭曲和光照效果创建独特的变换。Adobe提供的滤镜显示在【滤镜】菜单中。第三方开发商提供的某些滤镜可以作为增效工具使用。在安装后,这些增效工具滤镜出现在【滤镜】菜单的底部。

提示 加载滤镜的方法是直接将滤镜文件及其附属的一些文件复制到Photoshop CC 2018的安装目录下:[用户安装盘符(C盘或D盘)]:\Program Files\Adobe Photoshop CC 2018\Plug-ins。

通过应用于智能对象的智能滤镜,在使用滤镜时不会对图像造成破坏。智能滤镜作为图层效果存储在【图层】面板中,并且可以利用智能对象中包含的原始图像数据随时重新调整这些滤镜。

9.1.1 通过【滤镜】菜单应用滤镜

可以对图层或智能对象应用滤镜。应用于智能对象的滤镜没有破坏性,并且可以随时对其进行重新调整。具体操作方法如下。

1 选择指定的图层,应用滤镜效果可针对所有图像,如图9-1所示。

图9-1 全图应用滤镜效果

2 如果将滤镜应用于一个区域,可以选择选框工具,选择一个区域进行滤镜设置,如图9-2所示。设置完成后单击【确定】按钮即可。

技巧 对图像应用滤镜效果后,应用过的最后一个滤镜命令将会显示在【滤镜】菜单的顶部。当需要再次使用这个滤镜时,可以直接选择此命令或按【Ctrl+F】组合键,系统自动以上次参数快速地重复执行该滤镜命令。如果要重新打开对话框改变参数,可以按【Ctrl+Alt+F】组合键,即可再次打开对应的滤镜对话框。

图9-2 局部应用滤镜效果

9.1.2 通过滤镜库应用滤镜

滤镜库可提供许多特殊效果滤镜的预览，用户可以应用多个滤镜、打开或关闭滤镜的效果、复位滤镜的选项及更改应用滤镜的顺序。如果用户对预览效果感到满意，则可以将它应用于图像。滤镜库并没有提供【滤镜】菜单中的所有滤镜。如图9-3所示为【滤镜库】对话框。

图9-3 【滤镜库】对话框

9.1.3 添加智能滤镜

应用于智能对象的任何滤镜都是智能滤镜。智能滤镜将出现在【图层】面板中应用这些智能滤镜的智能对象图层的下方。由于可以调整、移去或隐藏智能滤镜，这些滤镜对于图像来说是非破坏性的。具体操作方法如下。

打开图像后，选择【滤镜】→【转换为智能滤镜】命令，将弹出如图9-4所示的提示对话框，单击【确定】按钮即可。如图9-5所示为对图层应用【转换为智能滤镜】命令前后的对比效果。

图9-4　转换为智能滤镜提示对话框　　　　　图9-5　执行【转换为智能滤镜】命令前后的图层缩览图效果

 注意：除【抽出】、【液化】、【图案生成器】和【消失点】滤镜之外，可以按智能滤镜应用任意Photoshop CC 2018的滤镜（可与智能滤镜一起使用）。

9.1.4　滤镜效果参考

【风格化】滤镜通过置换像素和查找并增加图像的对比度，在选区中生成绘画或印象派的效果。在使用【查找边缘】和【等高线】等突出显示边缘的滤镜后，可应用【反相】命令用彩色线条勾勒彩色图像的边缘或用白色线条勾勒灰度图像的边缘。

查找边缘

用显著的转换标识图像的区域，并突出边缘。像【等高线】滤镜一样，【查找边缘】滤镜用相对于白色背景的黑色线条勾勒图像的边缘，这对生成图像周围的边界非常有用，如图9-6所示。

图9-6　查找边缘效果

等高线

查找主要亮度区域的转换并为每个颜色通道淡淡地勾勒主要亮度区域的转换，以获得与等高线图中的线条类似的效果，如图9-7所示。

图9-7　等高线效果

风

在图像中放置细小的水平线条来获得风吹的效果。【方法】栏包括【风】、【大风】（用于获得更生动的风效果）和【飓风】（使图像中的线条发生偏移）3个单选按钮，如图9-8所示。

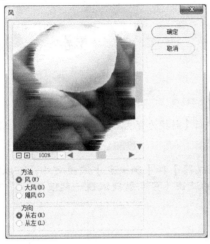

图9-8　风效果

浮雕效果

通过将选区的填充色转换为灰色，并用原填充色描画边缘，从而使选区显得凸起或凹陷。选项包括浮雕角度（-360°～+360°，-360°使表面凹陷，+360°使表面凸起）、高度和选区中颜色数量的百分比（1%～500%）。要在进行浮雕处理时保留颜色和细节，可在应用【浮雕效果】滤镜之后使用【编辑】→【渐隐浮雕效果】命令，如图9-9所示。

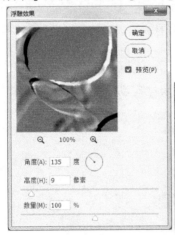
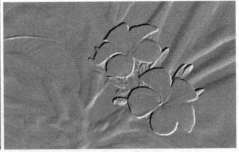

图9-9　浮雕效果

扩散

根据选中的单选按钮搅乱选区中的像素以虚化焦点：【正常】单选按钮使像素随机移动（忽略颜色值），【变暗优先】单选按钮用较暗的像素替换亮的像素，【变亮优先】单选按钮用较亮的像素替换暗的像素，【各向异性】单选按钮在颜色变化最小的方向上搅乱像素，效果如图9-10所示。

图9-10　扩散效果

拼贴

将图像分解为一系列拼贴，使选区偏离其原来的位置，如图9-11所示。可以选取下列对象之一填充拼贴之间的区域：背景色、前景色、图像的反向版本或图像的未改变版本，它们使拼贴的版本位于原版本之上并露出源图像中位于拼贴边缘下面的部分。

图9-11　拼贴效果

曝光过度

混合负片和正片图像，类似于在显影过程中将摄影照片短暂曝光，效果如图9-12所示。

图9-12　曝光过度效果

凸出

赋予选区或图层一种3D纹理效果，如图9-13所示。

图9-13 凸出效果

照亮边缘

标识颜色的边缘,并为其添加类似霓虹灯的光亮,执行【滤镜】→【滤镜库】命令,打开【滤镜库】对话框。单击【风格化】左侧的下拉按钮并找到【照亮边缘】选项,如图9-14所示。此滤镜可累积使用。

图9-14 照亮边缘效果

画笔描边

与【艺术效果】滤镜一样,画笔描边滤镜使用不同的画笔和油墨描边创造出绘画效果的外观。其中有些滤镜添加颗粒、绘画、杂色、边缘细节或纹理,可以通过滤镜库来应用所有的画笔描边滤镜。

模糊、模糊画廊

柔化选区或整个图像，这对于修饰非常有用。它们通过平衡图像中已定义的线条和遮蔽区域的清晰边缘旁边的像素，使变化显得柔和。

扭曲

将图像进行几何扭曲，创建3D或其他整形效果。注意，这些滤镜可能占用大量内存。可以通过滤镜库来应用【扩散亮光】、【玻璃】和【海洋波纹】滤镜。

锐化

通过增加相邻像素的对比度来聚焦模糊的图像。

视频

NTSC颜色将色域限制在电视机重现可接受的范围内，以防止过饱和颜色渗到电视扫描行中。

通过逐行移去视频图像中的奇数或偶数隔行线，使在视频上捕捉的运动图像变得平滑。可以选择通过复制或插入值来替换扔掉的线条。

素描

【素描】子菜单中的滤镜将纹理添加到图像上，通常用于获得3D效果。这些滤镜还适用于创建美术或手绘外观。许多素描滤镜在重绘图像时使用前景色和背景色。可以通过滤镜库来应用所有素描滤镜。

纹理

可以使用纹理滤镜模拟具有深度感或物质感的外观，或者添加一种材质外观。可以通过滤镜库来应用所有纹理滤镜。

像素化

【像素化】子菜单中的滤镜通过使单元格中颜色值相近的像素结成块来清晰地定义一个选区。

渲染

【渲染】滤镜在图像中创建3D形状、云彩图案、折射图案和模拟的光反射，也可在3D空间中操纵对象，创建3D对象（立方体、球面和圆柱），并从灰度文件创建纹理填充以产生类似3D的光照效果。

艺术效果

可以使用【艺术效果】子菜单中的滤镜，为美术或商业项目制作绘画效果或艺术效果。例如，将【木刻】滤镜用于拼贴或印刷。这些滤镜模仿自然或传统介质效果，可以通过滤镜库来应用所有艺术效果滤镜。

杂色

杂色滤镜添加或移去杂色或带有随机分布色阶的像素。这有助于将选区混合到周围的像素中。杂色滤镜可创建与众不同的纹理或移去有问题的区域，如灰尘和划痕。

其他

允许用户创建自己的滤镜、使用滤镜修改蒙版、在图像中使选区发生位移和快速调整颜色。

9.2 进阶——滤镜的使用与技巧

本案例主要介绍滤镜的使用方法与技巧，读者可以举一反三，制作更好、更多的效果。

最终效果

本例最终效果如图9-15所示。

图9-15 图像最终效果

解题思路

1. 新建文件。
2. 渲染滤镜。
3. 镜头光晕。
4. 扭曲滤镜。

操作步骤

1. 新建文件，具体参数如图9-16所示。
2. 将前景色RGB数值分别设置为178，138，189，再将背景色RGB值设置为33，33，33。设置完毕后，执行【滤镜】→【渲染】→【云彩】命令，效果如图9-17所示。

图9-16 【新建文档】对话框

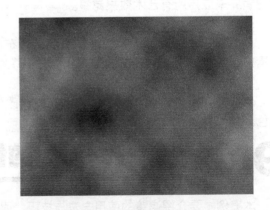

图9-17 【云彩】滤镜效果

3. 执行【滤镜】→【渲染】→【镜头光晕】命令，弹出如图9-18所示的对话框，设置好的效果如图9-19所示。

图9-18 【镜头光晕】对话框

图9-19 镜头光晕效果

4. 执行【滤镜】→【扭曲】→【旋转扭曲】命令，弹出如图9-20所示的对话框，设置好的效果如图9-21所示。
5. 复制【背景】图层，并对复制好的图层设置叠加效果，如图9-15所示为最终效果。

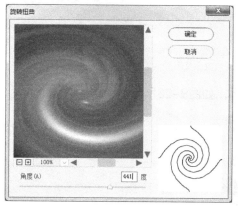

图9-20 【旋转扭曲】对话框

图9-21 旋转扭曲效果

9.3 提高——自己动手练

前面介绍了几种滤镜拼合使用的效果，下面再通过两个实例来认识一下滤镜与图层结合及第三方滤镜的操作方法。

9.3.1 制作动感效果

最终效果

本实例的最终完成效果如图9-22所示。

图9-22 最终效果

解题思路

1. 复制图层。
2. 调整色相/饱和度。
3. 局部上色。
4. 添加模糊。
5. 添加杂色。

操作提示

1. 打开素材文件"人物.jpg",并复制【背景】图层,如图9-23所示。

图9-23 复制【背景】图层

2. 调整色相/饱和度,效果如图9-24所示。

图9-24　调整色相/饱和度

3 在【图层】面板中单击【创建新的填充或调整图层】按钮，对人物脸部做部分上色，效果如图9-25所示。

图9-25　局部上色

4 选择【图层1】，执行【滤镜】→【模糊】→【动感模糊】命令，添加蒙版将人物凸显出来，如图9-26所示。

图9-26　动感模糊效果

5 设置完成后添加杂色效果，并设置图层混合模式为【叠加】模式，降低不透明度，如图9-27所示。

图9-27 添加杂色效果

9.3.2 制作水中倒影

通过这个实例可了解Photoshop CC 2018中第三方滤镜（本例中已安装）的使用技巧与操作。

最终效果

本实例的最终效果如图9-28所示。

解题思路

1. 复制图层。
2. 改变画面。
3. 应用滤镜。

操作提示

1. 打开素材文件"水上女人.jpg"，并复制【背景】图层，效果如图9-29所示。

图9-28 最终效果

图9-29 复制【背景】图层

2 复制图层后,执行【图像】→【画布大小】命令,并在图像的底端扩展出与原来图像大小一样的画布空间,如图9-30所示。

图9-30　更改画布大小

3 执行【滤镜】→【Flaming Pear】命令(需安装Flaming Pear Flood滤镜),弹出对话框如图9-31所示。

图9-31　【Flood】对话框

4. 设置完参数后单击【确定】按钮，效果如图9-32所示。

图9-32 添加滤镜后的效果

9.4 答疑与技巧

问：我按书中的参数调整滤镜，但为什么得到的效果与书中不一样？

有些滤镜的效果是随机产生的，每次应用滤镜的效果都会不一样，比如【云彩】滤镜。

问：如何一次性地对图像使用多个滤镜？

可以使用【滤镜库】命令来操作，此命令不仅可以快速预览使用的滤镜效果，还能实现多个滤镜的添加功能。但这些滤镜只限于为一个图像添加。

问：该怎么安装第三方滤镜？

通过网页搜索找到自己想要的滤镜，将文件下载，然后将其中扩展名为8bf的文件复制到Photoshop CC 2018的安装目录中即可（例如安装盘\Program Files\Adobe\Adobe Photoshop CC 2018\Plug-ins\Effects）。

结束语

学习本章后，相信读者对图像的处理有了更深、更全面的了解。在设计过程中，滤镜可以给设计师带来一些特效方面的享受。但过分地依赖滤镜，也会丧失自己的创作能力与思维特色。记住，滤镜只是给每个设计者带来方便而已。

Chapter 10

第10章
综合实例：数码照片处理

本章要点

- 婚纱照片抠图
- 人像照片的磨皮与上妆
- 摄影作品合成
- 水墨艺术效果处理

本章导读

照片处理是Photoshop的特长，通过Photoshop的处理，可以将原本风马牛不相及的对象组合在一起，也可以使用"狸猫换太子"的手段使图像发生面目全非的巨大变化，达到理想的创意特效。本章通过几个典型案例，学习照片处理的手法。

10.1 婚纱照片抠图

抠图，就是把图片或影像的某一部分从原始图片或影像中分离出来成为单独的图层。抠图的方法有好多，其中包括：选框工具组、"钢笔工具"、橡皮擦工具组、蒙版、混合模式、色彩范围、通道、抽出滤镜等。另外，还有多种专门用于抠图的第三方插件和软件。大部分图像，利用简单的工具或工具组即可轻松抠图；对于复杂的图像，就需要利用一些高级技巧。本节通过一个抠图实例的讲解，使读者学会一些复杂图像的抠选。

10.1.1 案例展示

本例学习白色透明婚纱的抠图技巧，处理前后的效果对比如图10-1所示。

图10-1　抠图效果对比图

10.1.2 思路分析

1. 对于这种图片，一般来说我们分两个层来进行抠选：一个图层用来抠选无透明部分的主体部分，处于上层；一个图层用来抠选透明的婚纱部分，处于下层。
2. 对于主体部分用"钢笔工具"进行抠选即可，透明部分用通道进行抠选。

10.1.3 实现步骤

1. 在Photoshop中打开素材文件"bridal.jpg"，并使用"钢笔工具"的【路径】模式勾选出人物主体部分，并转化为选区，如图10-2所示。
2. 为了达到边缘不会太生硬又不失真的效果，对选区羽化1~2像素，然后执行【图层】→

第10章　综合实例：数码照片处理

【新建】→【通过拷贝的图层】命令（快捷键为【Ctrl+J】），就可以把选区内的图像复制为一个新的图层【图层1】，然后隐藏原来的【背景】图层，如图10-3所示。

图10-2　勾选人物主体并转化为选区

图10-3　复制图层

3　切换到【通道】面板，按住【Ctrl】键单击RGB通道的缩略图，载入RGB通道的选区，如图10-4所示。

图10-4 载入RGB通道选区

4 执行【图层】→【新建】→【通过拷贝的图层】命令（快捷键为【Ctrl+J】），把选区内的图像复制为一个新的图层【图层2】，隐藏【图层1】，如图10-5所示。

图10-5 复制图层

5 婚纱为白色，所以我们需要对【图层2】进行一些处理，执行【图像】→【调整】→【色相/饱和度】命令（快捷键为【Ctrl+U】），把"饱和度"调成-100，"明度"调成+100，如图10-6所示。

第10章　综合实例：数码照片处理

图10-6　调整色相/饱和度

6 至此，婚纱层制作完毕，将【图层2】移到【图层1】下面，并显示【图层1】，如图10-7所示。

图10-7　调整图层顺序

7 在【图层1】上使用"钢笔工具"选出透明婚纱部分，并转化为选区，如图10-8所示。

图10-8 选出透明婚纱部分

8 羽化1~2像素，按【Delete】键删除，如图10-9所示。

图10-9 删除选区

9 为了让主体和后面的婚纱更协调，用【曲线】命令对【图层1】进行调整，使主体和婚纱能够更融合，如图10-10所示。

10 添加一个背景到文档中，完成效果如图10-11所示。

第10章 综合实例：数码照片处理

图10-10 调整主体亮度

 注意 本例主要运用了一个比较重要的知识点，那就是RGB通道的选区，就是图像中白色部分的选区，使用此方法，可以用来抠选白云、水珠、白色的窗帘等。在实际的运用中，确实是一个非常好的方法。

图10-11 完成效果

10.2 人像照片的磨皮与上妆

用Photoshop为照片人物脸部磨皮，能够使人物皮肤更加细腻。同抠图一样，磨皮的方

215

法也很多，比如前面学习的图章工具组就可以对大面积的瑕疵进行修复，本节主要学习人像皮肤的细节处理方法。通过本方法，我们可以得到一种细腻而又不失真的效果，可以把本实例当成一种通用的技巧来使用。

说明 有些照片在拍摄时，人物妆容没有达到预期效果，这时就需要在后期处理时，重新上妆。

10.2.1 案例展示

本例处理前后的对比效果如图10-12所示。

图10-12　磨皮与上妆效果（见彩插）

10.2.2 思路分析

1. 本例中，主要利用通道的【计算】命令得到斑点的选区，然后利用【曲线】命令对斑点进行调亮以适应平滑的皮肤。
2. 利用混合模式中的【颜色】模式配合【高斯模糊】命令进行上妆操作。

10.2.3 实现步骤

1. 在Photoshop中打开素材文件"beanty.jpg"。
2. 原照片太暗，这里我们运用混合模式对照片进行无损调亮。复制一个图层，如图10-13所示，把图层的混合模式改为【滤色】模式，并调整图层的不透明度到合适的值，此例中为50%。

图10-13　用混合模式调亮照片

3 切换到【通道】面板,选中【蓝】通道,右击,在弹出的快捷菜单中选择【复制通道】命令。在弹出的【复制通道】对话框中保持默认设置,单击【确定】按钮。复制【蓝】通道得到【蓝 拷贝】通道,如图10-14所示。

图10-14 复制出【蓝 拷贝】通道

4 选中【蓝 拷贝】图层,执行【滤镜】→【其他】→【高反差保留】命令,弹出【高反差保留】对话框,将【半径】设置为7~10像素,本例中用10像素,如图10-15所示。

图10-15 添加【高反差保留】滤镜

5 执行【图像】→【计算】命令,打开【计算】对话框,在【计算】对话框中将混合模式设置为【强光】模式,如图10-16所示。

图10-16 【计算】对话框

提示 可以看到,新生成一个【Alpha 1】通道,人像脸上的斑点变得很清晰,如图10-17所示。

图10-17 计算后的效果

6 为了更好地突出斑点,可以多计算几次,每计算一次生成一个新的通道,本例中,总共计算了3次,结果如图10-18所示。

图10-18 多次计算后的效果

7 按住【Ctrl】键并单击最后计算得到的通道【Alpha 3】的缩略图,载入选区,并执行【选择】→【反选】命令,这样我们就得到了"斑点"的选区,如图10-19所示。

图10-19 载入【Alpha 3】通道的选区并进行反选

8 下一步需要返回【图层】面板操作，比较重要的一点是，需要在【通道】面板里单击RGB通道，如图10-20所示。

图10-20 返回【图层】面板

9 单击【图层】面板下方的【创建新的填充或调整图层】按钮，并在弹出的下拉菜单中选择【曲线】命令，对曲线进行调整（向上调），这样做，就可以对暗部进行调亮，如图10-21所示。

图10-21 添加【曲线】调整图层并调亮

10 执行【图层】→【拼合图像】命令，对图层进行合并操作。
11 放大显示可以发现，有些比较明显的斑点还是没有完全去除。这时，我们再利用"污点修复画笔工具"对这些明显的斑点进行修复，如图10-22所示。

图10-22 使用"污点修复画笔工具"对明显的斑点进行修复

提示 修复完成后，可以再使用【曲线】命令对照片进行调亮以达到合适的亮度，结果如图10-23所示。

图10-23　修复斑点并调亮后的效果

12 下面开始进行上妆。绘制出嘴唇的选区，并羽化3像素，如图10-24所示。

图10-24　绘制嘴唇选区

13 新建一个图层，设置颜色，然后用【油漆桶工具】将两个选区填充为紫红色，把图层的混合模式改为【颜色】模式，调整到合适的不透明度，取消选区。这样就完成了嘴唇的上色操作，如图10-25所示。

图10-25　完成嘴唇上色

14 下面对上眼影进行处理。新建图层，用画笔工具在眼睛上方绘制绿色，并设置图层的混合模式为【颜色】模式，如图10-26所示。

图10-26　绘制绿色

15 执行【滤镜】→【模糊】→【高斯模糊】命令，设置合适的半径，本例中将【半径】设置为25像素，如图10-27所示。

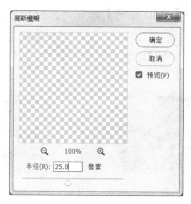

图10-27　对眼影图层进行高斯模糊

16 选择"橡皮擦工具"，选择一个"硬度"为0的圆形画笔对多余的部分进行擦除，眼影制作完成，效果如图10-28所示。

图10-28　眼影制作完成效果

17 下面开始制作腮红。新建图层，与画眼睛上方的绿色区域一样，在脸部两边绘制两个红色的圆，当作腮红雏形，如图10-29所示。

图10-29　绘制腮红雏形

18 执行【滤镜】→【模糊】→【高斯模糊】命令，然后调整图层不透明度到合适的值，完成效果如图10-30所示。

图10-30　完成效果

10.3 摄影作品合成

在本实例中，我们通过使用图像的基本合成技法及调整图层的方法，来学习如何在Photoshop中对数码照片进行合成并调色。这也是影楼里常用的一种合成技术。

10.3.1 案例展示

本例最终效果如图10-31所示。

第10章 综合实例：数码照片处理

图10-31 案例效果

10.3.2 思路分析

1. 通过"抠图"操作，添加合成图像中的每一个部分元素。
2. 通过调整图层对合成图像进行整体的颜色调整。
3. 用到的素材文件：grass.psd、clouds.jpg、girl.jpg、house.jpg、snow.jpg。

10.3.3 实现步骤

1. 从背景开始，打开素材文件"house.jpg"。双击【图层】面板里的【背景】图层解锁该图层，得到【图层0】，如图10-32所示。

图10-32 打开素材文件"house.jpg"并解锁【背景】图层

2. 用"钢笔工具"选出天空部分，并按下键盘上的【Ctrl+Enter】组合键，将路径转化为选区，按下【Delete】键删除【图层0】中的天空部分，如图10-33所示。
3. 添加云层。打开素材文件"clous.jpg"，并将其拖放到房子的下层，并调整到合适的位置，如图10-34所示。

223

图10-33　删除天空部分

图10-34　添加云层

4　添加人物，打开素材文件"girl.jpg"，并用"钢笔工具"抠选出人物主体，放到最上层的合适位置，如图10-35所示。

图10-35　添加人物

5　接下来，我们将加入一些细节。打开素材文件"grass.psd"，将小草图像拖放到最上层文档的底部位置，并对小草图层执行【滤镜】→【模糊】→【高斯模糊】命令，将【半径】设置为3.5，以添加一些景深效果，使小草看起来不会太突兀，如图10-36所示。

第10章 综合实例：数码照片处理

图10-36 添加小草并添加【高斯模糊】滤镜

6 添加雪花。打开素材文件"snow.jpg"，并放到最上层的合适位置，把此层的混合模式改为【滤色】模式。这样雪花的黑色部分就不显示了，如图10-37所示。

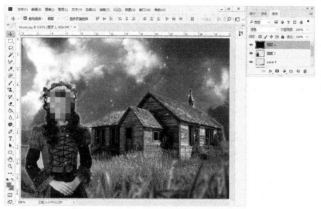

图10-37 添加雪花

7 到这里要合成的基本元素已经添加完毕，下面就开始调色操作。单击【图层】面板下方的【创建新的填充或调整图层】按钮，并在弹出的下拉菜单中选择【通道混合器】命令，分别对输出通道【红】、【绿】、【蓝】进行设置，参数如图10-38所示。得到的效果如图10-39所示。

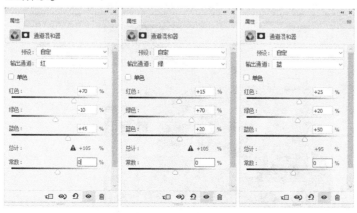

图10-38 设置【通道混合器】参数

225

图10-39　【通道混合器】命令调整后效果

8　接下来，给图像增加一些温暖的感觉。添加一个【曲线】来调整图层，分别对【红】、【绿】、【蓝】通道参数进行设置，如图10-40所示。

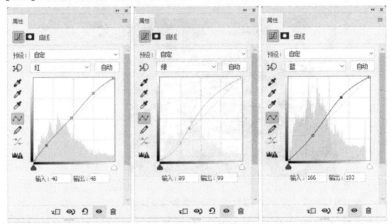

图10-40　添加【曲线】来调整图层

9　最终效果和【图层】面板如图10-41所示。

图10-41　最终效果和【图层】面板

第10章 综合实例：数码照片处理

注意 【通道混合器】和【曲线】的参数根据不同的图像应进行不同的设置，这个需要我们平时多练习和学习。当然，并不是只能通过这两个命令来进行调整，在添加调整图层的菜单中，有多个命令可以对图像进行调整，我们应根据需要进行选择。

10.4 水墨艺术效果处理

在本例中，我们将学习怎样通过笔刷和调色来处理出一种残损、非主流的水墨艺术照效果，通过本节学习可领略到Photoshop笔刷的强大之处。

10.4.1 案例展示

本例源图像与最终效果如图10-42所示。

图10-42 案例展示（见彩插）

10.4.2 思路分析

1 使用调整图层和混合模式对源照片进行颜色的调整。
2 使用"碎片"笔刷绘制人物左手臂部分的碎片。
3 使用"水彩"笔刷绘制背景。
4 使用"水彩"笔刷绘制彩色，并使用混合模式进行叠加。

10.4.3 实现步骤

1 创建一个新文件，尺寸为3000像素×3600像素，"背景色"为白色。打开素材文件"model.jpg"，并复制到新建文件中，如图10-43所示。
2 用"钢笔工具"在模特儿边缘创建一个大致的路径，如图10-44所示。

227

图10-43 创建文件并添加图片

图10-44 绘制路径

3 按【Ctrl+Enter】组合键将路径转换为选区,将羽化半径设置为10像素,反向选择,按【Delete】键删除,如图10-45所示。

4 取消选区,复制【图层1】得到【图层1拷贝】,将【图层1拷贝】的混合模式设置为【线性加深】,如图10-46所示。

第10章 综合实例：数码照片处理

图10-45 羽化删除

图10-46 复制图层并更改混合模式

5 为【图层1副本】添加蒙版，用较软的笔刷在蒙版上绘制黑色，以显示头发和部分衣服，如图10-47所示。

 提示　这样做的主要目的是为了让人物的头发和衣服等较暗的区域不进行加深操作，得到如图10-48所示的效果。

图10-47　添加蒙版并绘制黑色

图10-48　蒙版效果

6　再次复制【图层1】得到【图层1拷贝2】，将【图层1拷贝2】移动到最上层并将其混合模式更改为【滤色】模式，如图10-49所示。

第10章 综合实例：数码照片处理

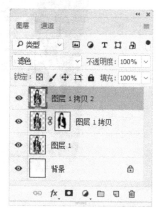

图10-49 再次复制图层并更改混合模式

7 为【图层1拷贝2】添加蒙版，并用较软的画笔绘制黑色区域，让人物脸部和左半部分不变亮，如图10-50所示。得到如图10-51所示的效果。

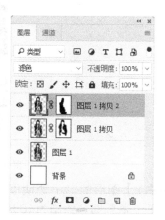

图10-50 添加蒙版并绘制黑色区域

231

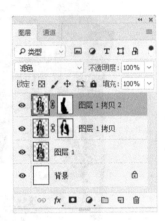

图10-51 蒙版效果

8 接下来，我们想让图像部分实现黑白效果，添加新的【黑白】调整图层。设置参数：红色为65，黄色为60，绿色为40，青色为100，蓝色为20，洋红为80，如图10-52所示。

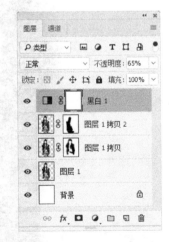

图10-52 执行【黑白】命令

9 把【黑白1】图层的"不透明度"设置为65%。在蒙版里，用较软的画笔把里面的衣服、裤子、嘴唇部分绘制为40%的灰色，以显示部分原来的颜色，如图10-53所示。得到如图10-54所示的效果。

第10章　综合实例：数码照片处理

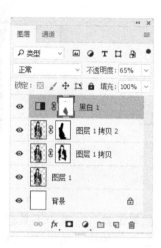

图10-53　绘制灰色

图10-54　效果

10 为了得到更好的对比效果，新建一个【曲线】调整图层，并设置一个较强对比的曲线，如图10-55所示。

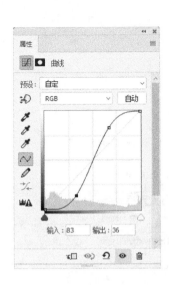  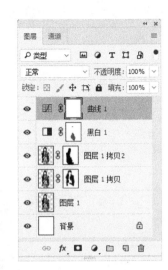

图10-55 增加对比效果

11 选择"画笔工具",单击工具选项栏上的画笔下拉按钮,打开画笔选择器,再单击画笔选择器右上角的小三角按钮,从弹出的下拉菜单中选择【导入画笔】命令,如图10-56所示。

12 在弹出的对话框中选择本书配套素材文件夹里的"碎片笔刷"文件,如图10-57所示。

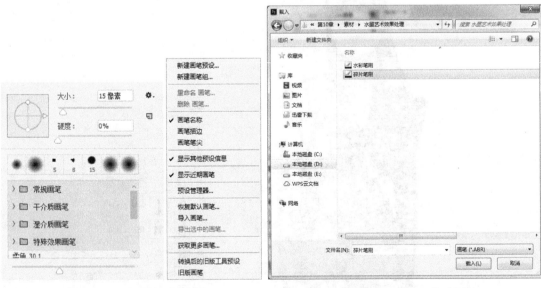

图10-56 选择导入画笔命令　　　　图10-57 【载入】对话框

13 这时,可以在画笔选择器的最下面看到我们新加入的笔刷,如图10-58所示。

14 新建一个图层,得到【图层2】,绘制一个选区,将羽化半径设置为100像素,选择一个前面载入的画笔笔刷,使用一个和衣服相近的颜色进行绘画,并重复选择不同的笔刷进行绘画,如图10-59所示。

第10章 综合实例：数码照片处理

图10-58 载入的笔刷列表

图10-59 绘制碎片

15 取消选区，添加蒙版到【图层2】，选择刚才的笔刷在【图层2】的蒙版上绘制黑色，以减少原来的碎片密度，如图10-60所示。

图10-60 减小碎片密度

16 按下【Ctrl+T】组合键，并选择【自由变换】命令，对刚才绘制的碎片进行变形操作，如图10-61所示。

17 在【背景】图层上新建【图层3】，载入素材库里的"水彩笔刷"文件，然后在【图层3】上选择不同的水彩笔刷，用不同的不透明度的黑色进行绘画，如图10-62所示。

绘制的效果由选择的笔刷形状和不透明度属性决定。

235

图10-61 对碎片进行变形

图10-62 绘制水彩

18 添加新图层【图层4】到最上层。选择不同的笔刷,然后绘制一些彩色,如图10-63所示。

19 把【图层4】的混合模式改为【叠加】模式,完成效果如图10-64所示。

图10-63　在最上层绘制一些彩色

图10-64　完成效果

提示　当然，可以充分发挥Photoshop混合模式的作用，可试着改为其他模式。如图10-65所示为【柔光】模式效果。

图10-65　柔光效果

Chapter 11

第11章
综合实例：平面设计

本章要点

- 专业海报设计
- 贺卡设计
- 包装设计
- 杂志广告设计

本章导读

平面设计就是把文字、照片或图案等视觉元素加以适当的影像处理及版面安排，而表现在报纸、杂志、书籍、海报、传单等纸质媒体上，也就是在纸质媒体上进行美术创意、策划、设计及版面编排。

本章通过几个实例来学习用Photoshop进行平面设计的流程与技巧。

11.1 专业海报设计

海报设计得必须有相当强的号召力与艺术感染力,要调动形象、色彩、构图、形式感等因素来形成强烈的视觉效果;它的画面应有较强的视觉中心,应力求新颖、单纯,还必须具有独特的艺术风格和设计特点。海报有商业海报、公益海报、文化海报、电影/电视海报等类型,本例以一款电子产品海报设计为例,制作一款商业海报。

11.1.1 案例展示

本例最终效果如图11-1所示。

图11-1 案例展示

11.1.2 思路分析

1. 运用渐变填充和图层的混合模式制作背景。
2. 利用模糊制作阴影和高光。
3. 利用对蒙版填充渐变制作倒影效果。
4. 利用描边对文字进行修饰。

11.1.3 实现步骤

1. 在Photoshop中新建一个文档,4开尺寸(宽度为3600毫米,高度为5200毫米),设置分辨率为72像素/英寸,由于是用于输出,所以颜色模式设置为CMYK,将文件名改为"海报设计",如图11-2所示。
2. 对背景进行线性渐变填充,设置渐变两端颜色CMYK值分别为(C100,M80,Y0,K0)和(C85,M50,Y0,K0),如图11-3所示。

第11章 综合实例：平面设计

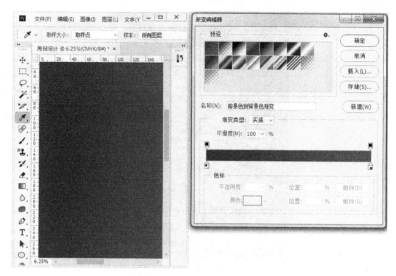

图11-2 【新建文档】对话框　　　　图11-3 填充渐变背景

3 为了让背景更丰富，我们需要为背景添加一些光效。创建一个新图层，选择"椭圆选框工具"绘制一个椭圆选区，然后在【渐变编辑器】中设置填充效果为白色到透明的渐变，把【图层1】的混合模式设置为【叠加】模式，如图11-4所示。

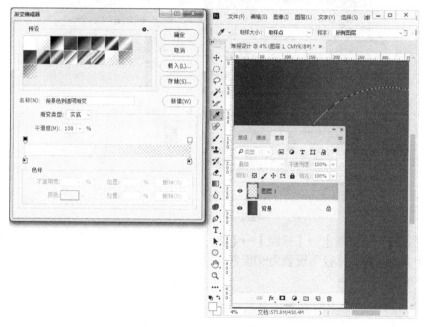

图11-4 添加白色光效

4 用同样的方法制作多个光效，结果如图11-5所示。
5 接下来就是制作产品放置位置的光晕和投影效果。新建图层，选择"椭圆选框工具"，在合适的位置绘制一个椭圆，然后填充颜色较深的蓝色（C100，M90，Y30，K0），如图11-6所示。

241

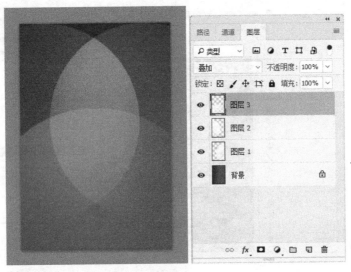

图11-5 制作多个光效

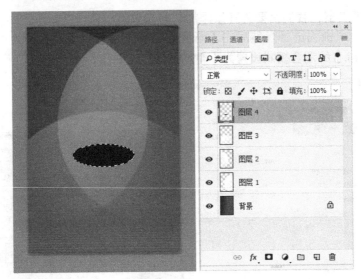

图11-6 绘制椭圆

6. 取消选区，执行【滤镜】→【模糊】→【高斯模糊】命令，将"半径"设置为50像素，如图11-7所示。

7. 新建图层，选择"多边形套索工具"，绘制一个如图11-8所示的三角形选区，然后在该图层填充白色。

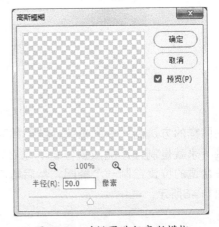

图11-7 对椭圆进行高斯模糊

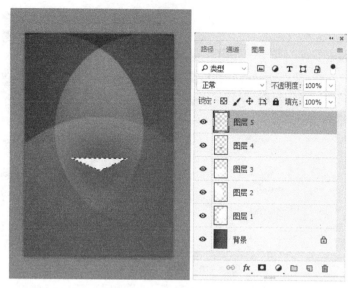

图11-8 绘制白色的三角形

8 取消选区,执行【滤镜】→【模糊】→【动感模糊】命令,弹出【动感模糊】对话框,将"角度"设置为0,"距离"设置为400像素,如图11-9所示。

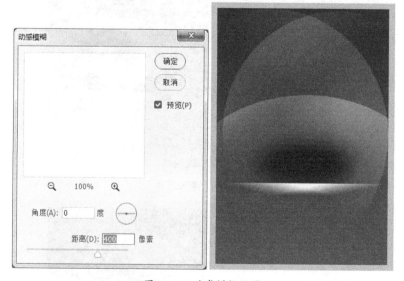

图11-9 动感模糊效果

9 执行【滤镜】→【模糊】→【高斯模糊】命令,弹出【高斯模糊】对话框,将"半径"设置为20像素,如图11-10所示。

10 执行【文件】→【置入嵌入对象】命令,置入素材库里的"MP4.jpg",调整合适的大小和位置,如图11-11所示。

11 复制【MP4】图层,并使新图层图像进行垂直翻转,如图11-12所示。

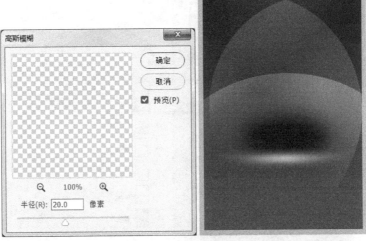

图11-10 高斯模糊效果

图11-11 置入图片

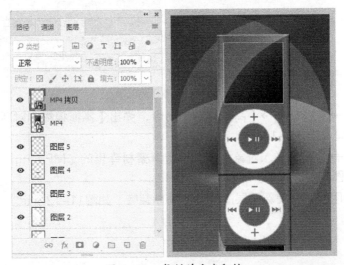

图11-12 复制并垂直翻转

12 添加蒙版到"MP4 拷贝"图层,并从上到下对蒙版填充白到黑的线性渐变,同时设置图层的"不透明度"为40%,如图11-13所示。

图11-13　添加蒙版并设置不透明度

13 添加白色文字,如图11-14所示。

图11-14　添加白色文字

14 对文字图层添加【描边】样式,设置【大小】为3像素,【填充类型】为彩色渐变,【样式】为线性,【角度】为0,如图11-15所示。

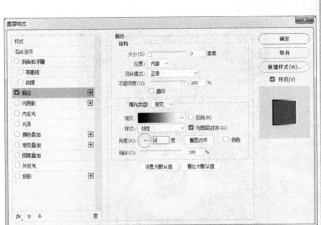

图11-15　添加【描边】样式

15 最后添加Logo文字和相关信息，整个海报设计完成，如图11-16所示。

图11-16　添加Logo文字和相关信息

11.2 贺卡设计

　　贺卡是人们在遇到喜庆日子或事件的时候互相表示问候的一种卡片。人们赠送贺卡的日子通常包括生日、圣诞节、元旦、春节、母亲节、父亲节、情人节等。贺卡上有一些祝福的话语。

提示　使用Photoshop，可以自己设计一款贺卡送给朋友，意义会很不一样。

11.2.1 案例展示

本例的最终效果如图11-17所示。

图11-17 案例展示

11.2.2 思路分析

本例中运用的两个比较重要的知识点如下。
1. 把素材图片定义成画笔,并对画笔进行设置。
2. 自由变换的【变形】命令的使用。

11.2.3 实现步骤

1. 创建一个新文件,用于精美印刷,分辨率为300像素/英寸,色彩模式为CMYK,32开(成品尺寸203mm×140mm),加上四周各3mm的出血空间,所以新建的文件尺寸应为宽209mm,高146mm,如图11-18所示。

2. 下面制作出血区域的参考线。执行【视图】→【新建参考线】命令,在弹出对话框的【取向】选区中选中【垂直】单选按钮,在【位置】文本框中输入为3毫米,单击【确定】按钮完成第一条参考线的添加,如图11-19所示。

3. 重复执行3次以上命令,分别设置参数为:垂直206mm、水平3mm、水平143mm。完成后的结果如图11-20所示。

图11-18 新建文件

图11-19　添加参考线

图11-20　完成参考线添加

 提示　添加参考线的目的主要是为了规划出成品区域，避免设计元素太靠边，造成最后印刷时被裁剪。虽然有时候不需要这样的参考线，但养成良好的习惯是必要的。

4 下面正式开始设计，首先填充背景，设置渐变两端颜色CMYK值分别为（C0，M60，Y100，K0）和（C0，M40，Y100，K0），进行从上到下的线性渐变填充，结果如图11-21所示。

图11-21　对背景填充渐变颜色

5 创建一个新的图层，在中部绘制矩形选区并填充颜色（C0，M100，Y50，K60），如图11-22所示。

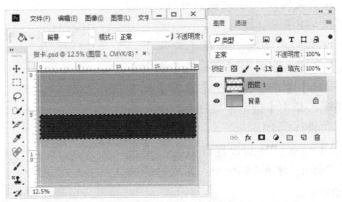

图11-22　创建新图层并填色

第11章 综合实例：平面设计

6 取消选区，执行【编辑】→【自由变换】命令，或按下【Ctrl+T】组合键，在显示变换框的情况下右击，在弹出的快捷菜单中选择【变形】命令，如图11-23所示。

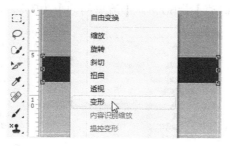

图11-23 选择【变形】命令

7 对【图层1】进行变形操作，效果如图11-24所示。

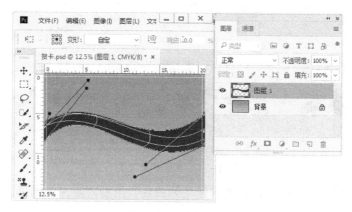

图11-24 进行变形

8 打开素材文件"花纹.jpg"，用选区选择自己喜欢的花纹，执行【编辑】→【定义画笔预设】命令，输入合适的名字，如图11-25所示。

图11-25 定义画笔

9 选择定义好的画笔，执行【窗口】→【画笔设置】命令打开【画笔设置】面板，设置

249

【间距】为100%；【大小】为800像素。切换到【形状动态】选项，【大小抖动】为80%；【大小】为800像素。【角度抖动】为100%；【大小】为800像素。切换到【传递】选项，【不透明度抖动】为50%；【流量抖动】为0%，如图11-26所示。

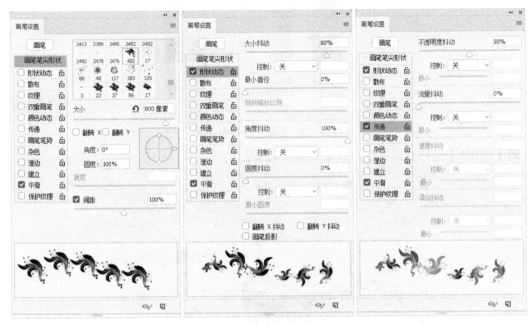

图11-26 画笔参数设置

10 在贺卡图像中新建一个图层，设置前景色为白色，用刚才定义的画笔进行绘画，结果如图11-27所示。

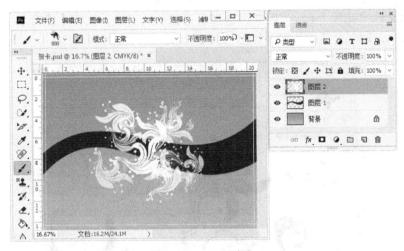

图11-27 绘制花纹

11 更改前景色为（C0，M100，Y50，K60），创建新图层，继续用刚才的画笔进行绘画，结果如图11-28所示。

12 选择【图层2】和【图层3】，同时进行自由变换，调整到合适的大小，如图11-29所示。

第11章 综合实例：平面设计

图11-28　继续绘制花纹

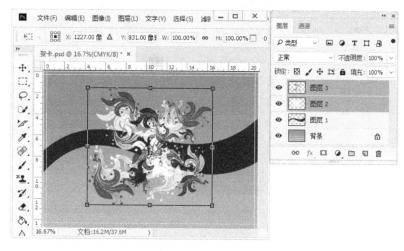

图11-29　自由变换

13 绘制一个正方形选区，并在新建图层上填充颜色（C0，M100，Y70，K0），如图11-30所示。

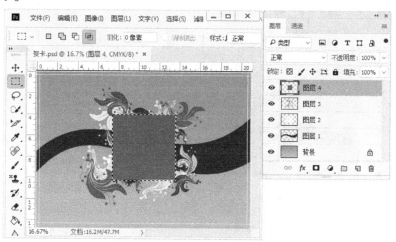

图11-30　创建正方形选区并填充颜色

14 对【图层4】添加【投影】样式，设置为黑色；【不透明度】为70%；【距离】为0；【扩展】为0；【大小】为50像素，如图11-31所示。

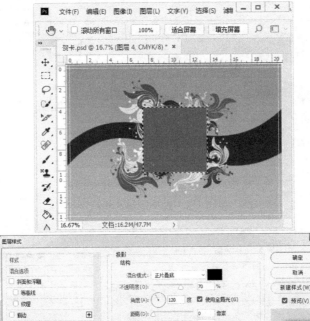

图11-31　添加【投影】样式

15 执行【选择】→【变换选区】命令，使用变形功能对选区进行变形操作，如图11-32所示。

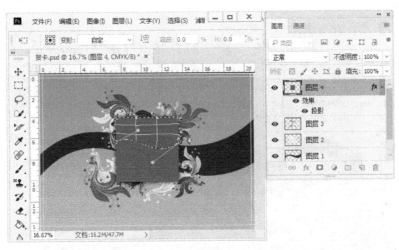

图11-32　对选区进行变形操作

16 创建新图层，填充选区为白色，如图11-33所示。

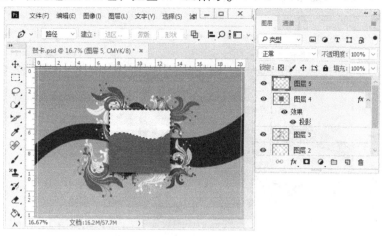

图11-33　在新图层上填充选区为白色

17 取消选区，对【图层5】添加蒙版，并选择黑色到白色的渐变颜色对蒙版进行填充，如图11-34所示。结果如图11-35所示。

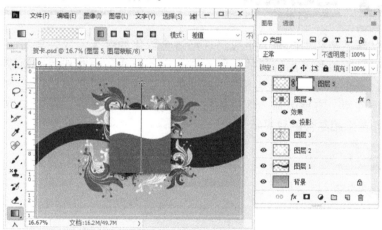

图11-34　对蒙版填充渐变颜色

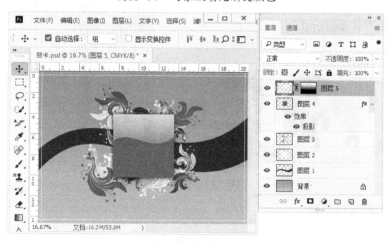

图11-35　对蒙版填充渐变颜色后的效果

18 添加文字，完成效果如图11-36所示。

图11-36 填加文字后的效果

11.3 包装设计

包装是建立产品亲和力的有力手段。在经济全球化的今天，包装与商品已融为一体。包装作为实现商品价值和使用价值的手段，在生产、流通、销售和消费领域中，发挥着极其重要的作用，是企业界、设计界不得不关注的重要课题。包装的功能是保护商品、传达商品信息、方便使用、方便运输、促进销售、提高产品附加值等。包装作为一门综合性学科，具有商品和艺术相结合的双重特性。

11.3.1 案例展示

本例最终效果如图11-37所示。

图11-37 案例展示

11.3.2 思路分析

1 使用基本的工具和合成图像元素的方法创建平面图。

❷ 使用【消失点】滤镜制作立体图。

11.3.3 实现步骤

❶ 新建文件，宽度为160毫米，高度为200毫米，分辨率为300像素/英寸，色彩模式为CMYK。

❷ 从上向下填充渐变色，颜色值为（C50，M0，Y0，K0）到（C30，M0，Y0，K0）的线性渐变，如图11-38所示。

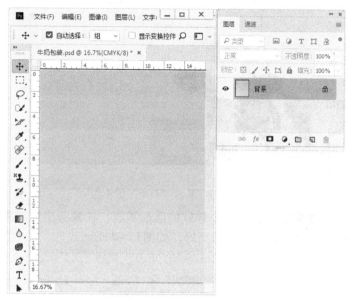

图11-38 填充渐变颜色

❸ 在顶部绘制一个自由的选区，并在新建图层中填充为白色，如图11-39所示。

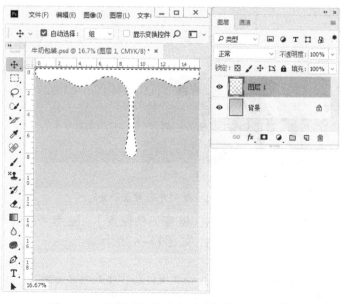

图11-39 绘制顶部自由选区并将其填充为白色

4 取消选区，执行【文件】→【置入】命令，置入"奶牛.jpg"文件，放在底部，调整到合适的大小，如图11-40所示。

图11-40 置入"奶牛"图片

5 给"奶牛"图层添加蒙版，选择一个较软的圆形笔刷，在蒙版里绘制黑色，隐藏多余的部分，使"奶牛"图片和背景融合得更好，如图11-41所示。

图11-41 使奶牛与背景融合

6 在文档的正中间添加一条垂直参考线（80毫米的位置），在参考线的两边添加文字，并对文字设置不同的字体、字号和颜色，如图11-42所示。

提示　至此，完成平面图的制作，保存文件为"牛奶包装.psd"，并另存一份为"牛奶包装.jpg"。

第11章 综合实例：平面设计

图11-42 添加文字

7 下面开始制作立体图。首先，在刚才制作好的"牛奶包装.jpg"文件中进行全选，然后复制一份，在后面的操作中我们会用到。

8 打开"牛奶盒.jpg"素材文件，并新建一个空白的【图层1】，如图11-43所示。

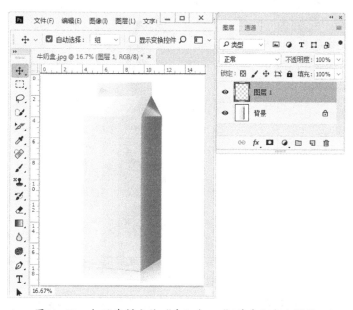

图11-43 打开素材文件"牛奶盒.jpg"并建立空白图层

9 执行【滤镜】→【消失点】命令，进入【消失点】对话框，如图11-44所示。

10 在【消失点】对话框左侧的工具箱里选择第2个"创建平面"工具，通过单击的方式创建一个平面，如图11-45所示。

257

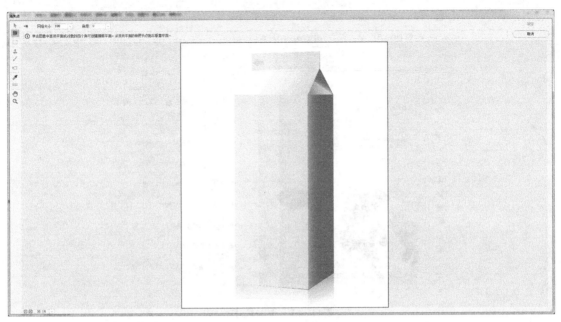

图11-44 【消失点】对话框

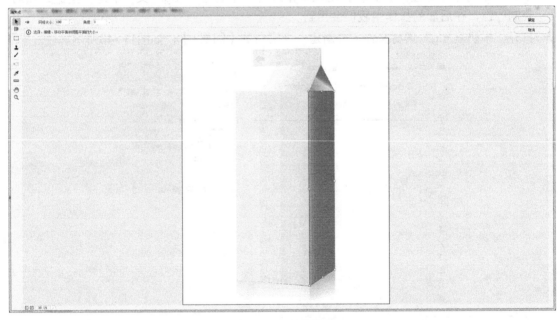

图11-45 创建平面

▌▌完成后,继续使用"创建平面工具",在刚创建的平面左侧中间控制点上按住鼠标左键并拖曳,拖出另一个平面,如图11-46所示。

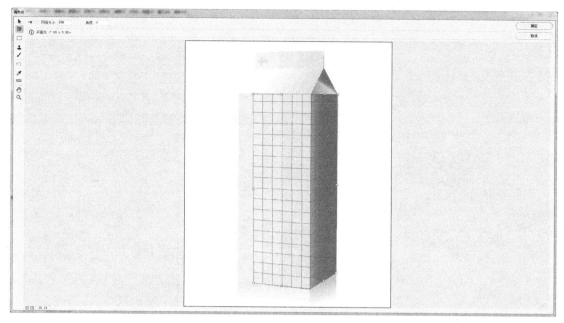

图11-46 拖出另一个平面

12 新创建的平面角度不是很理想,可以通过顶部的【角度】下拉列表框来调整平面的角度,如图11-47所示。

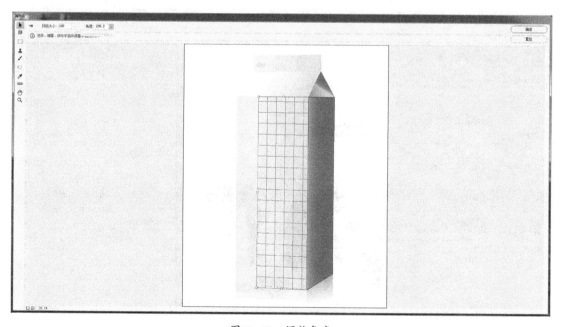

图11-47 调整角度

13 使用第1个工具"编辑平面工具"对平面进行宽度调整,如图11-48所示。

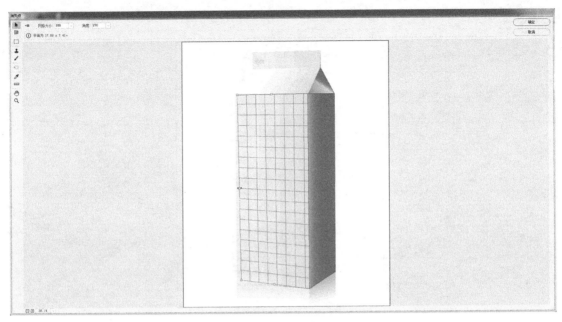

图11-48 调整平面宽度

14 下一步,按下【Ctrl+V】组合键进行粘贴,可以发现,复制的牛奶包装图已经贴到【消失点】对话框里面了,如图11-49所示。

图11-49 粘贴图像

15 现在看到的是一个平面图像,下一步,按下鼠标左键并拖曳图像到蓝色网格中,以产生透视效果,如图11-50所示。

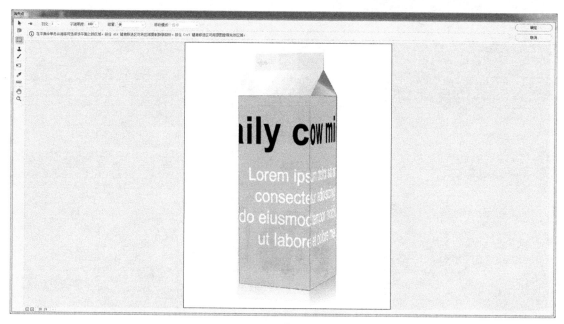

图11-50 拖动平面图到网格中

16 现在大小不合适，进行自由变换即可。这时，按下【Ctrl+T】组合键，但发现并没有看到变换框，我们需要拖动图片直到看到变换框。对图片进行缩放，如图11-51所示。

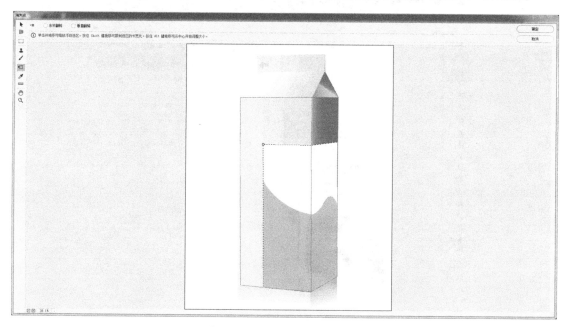

图11-51 对图片进行自由变换

17 进行多次拖动和变换，效果如图11-52所示。

图11-52 变换后的效果

18 单击【确定】按钮，退出【消失点】对话框，我们可以看到如图11-53所示的效果。

图11-53 "消失点"滤镜添加完成

19 把【图层1】的混合模式改为【正片叠底】模式。完成效果如图11-54所示。

第11章 综合实例：平面设计

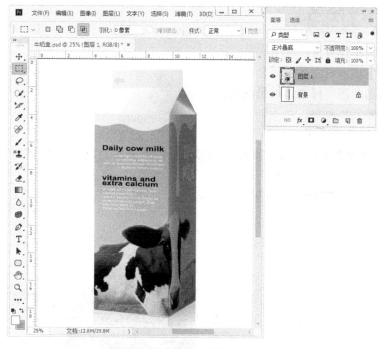

图11-54 更改混合模式后的效果

11.4 杂志广告设计

刊登在杂志上的广告，一般用彩色印刷，纸质也较好，因此表现力较强，是报纸广告难以比拟的，所以在设计广告的时候也需要其具有一定的视觉冲击力。

11.4.1 案例展示

本例最终效果如图11-55所示。

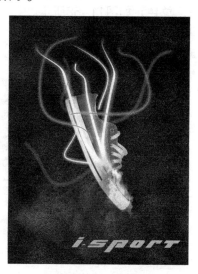

图11-55 案例展示

11.4.2 思路分析

1. 利用滤镜效果制作背景。
2. 利用【叠加】模式对背景进行合成。
3. 利用画笔描边和图层样式添加光线效果。

11.4.3 实现步骤

1. 新建文件，宽度为120mm，高度为160mm，分辨率为300像素/英寸，颜色模式为CMYK颜色，如图11-56所示。
2. 对背景填充从上向下的线性渐变颜色，从（C0，M0，Y0，K80）到（C0，M0，Y0，K50），如图11-57所示。

图11-56　新建文件

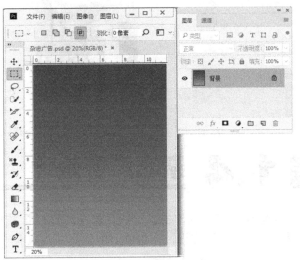

图11-57　设置线性渐变填充效果

3. 创建【图层1】，填充为黑色，执行【滤镜】→【杂色】→【添加杂色】命令，设置【数量】为50%、高斯分布、单色，如图11-58所示。

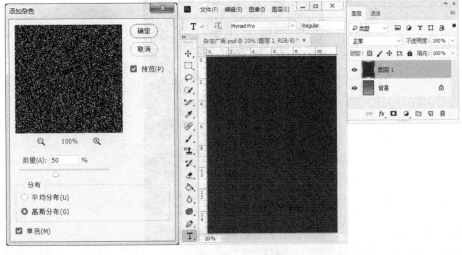

图11-58　添加杂色

4 执行【图像】→【调整】→【亮度/对比度】命令,将对比度增加50。然后改变图层的混合模式为【正片叠底】模式,如图11-59所示。

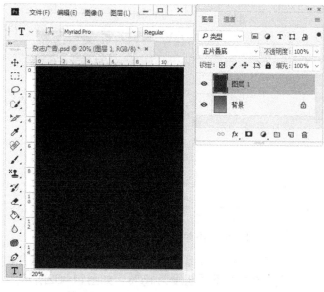

图11-59 增加对比度并设置混合模式

5 创建【图层2】,执行【滤镜】→【渲染】→【云彩】命令,然后改变图层的混合模式为【叠加】模式。这里的效果应该是每个人操作都不一样的,因为【云彩】命令的计算方式是随机的,如图11-60所示。

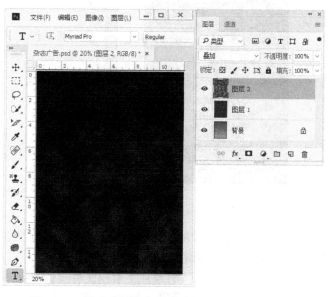

图11-60 添加【云彩】滤镜并改变图层的混合模式

6 把本书配套素材库里的"cloud.jpg"粘贴到文件中。执行【图像】→【调整】→【色相/饱和度】命令,调整饱和度到-100,把云彩变为灰色,如图11-61所示。

图11-61　添加图片并把云彩变为灰色

7. 用一个硬度为0的橡皮擦擦除云的顶部，使其和下面的背景相融合，并改变图层混合模式为【强光】模式，降低图层的不透明度为15%，如图11-62所示。

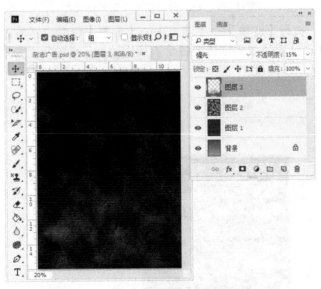

图11-62　融合云层

8. 创建【图层4】。使用非常大的、柔软的画笔在画布绘制鲜艳的颜色，如图11-63所示。
9. 调整【图层4】的不透明度为10%，如图11-64所示。
10. 这样基本的背景就制作完成了，添加鞋的照片（素材文件"shoe.jpg"），去除背景，并且将鞋改变到适合背景图像的大小和角度，如图11-65所示。

第11章 综合实例：平面设计

图11-63 绘制颜色

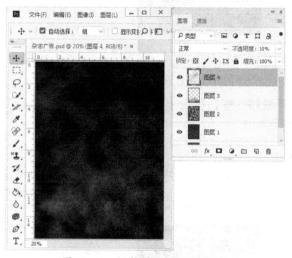

图11-64 调整图层4的不透明度

图11-65 添加鞋图像

11 打开素材文件"fire.jpg",并复制到文档中。用橡皮擦擦除部分图像,使它融合在鞋尖位置,如图11-66所示。

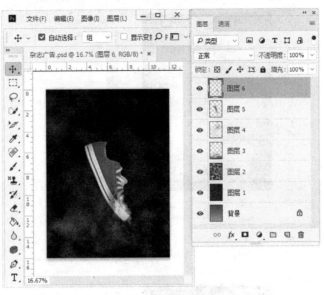

图11-66　添加火焰

12 为了让火焰燃烧得更激烈一些,执行【图像】→【调整】→【亮度/对比度】命令,将对比度增加为100,得到如图11-67所示的效果。

图11-67　增加火焰对比度后的效果

13 创建【图层7】,并放到火焰的下层。使用"钢笔工具"画一条曲线路径,并用一个30像素的画笔进行路径描边,得到如图11-68所示的效果。

第11章 综合实例：平面设计

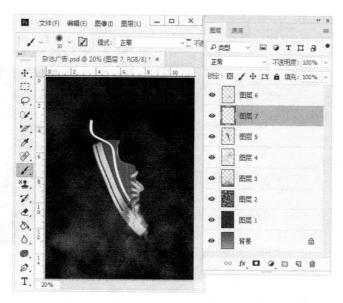

图11-68 创建图层、绘制路径

14 按下【Ctrl+T】组合键，并在显示变换框的情况下右击，在弹出的快捷菜单中选择【扭曲】命令，调整变换控制点的位置，让这条白线看起来是远离我们的感觉，如图11-69所示。

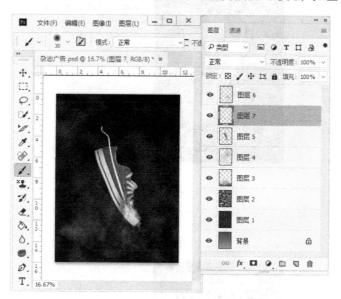

图11-69 使用【扭曲】命令调整白线后的效果

15 下一步，为线条添加【外发光】图层样式，如图11-70所示。
16 用同样的方法添加更多的线条效果，使用不同的颜色和不同的发光色，为某些图层适当地调整不透明度，得到如图11-71所示的效果。
17 选择包括鞋、火焰、光线在内的所有图层，进行适当的变换，如图11-72所示。

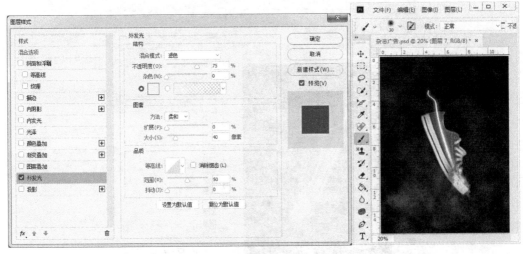

图11-70 添加外发光效果

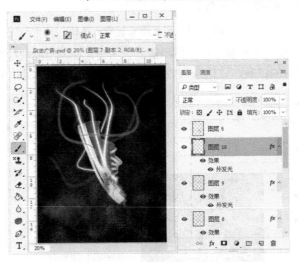

图11-71 添加更多的光线

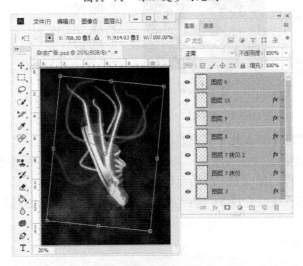

图11-72 进行变换

18 选择鞋的图层【图层5】，执行【图像】→【调整】→【色相/饱和度】命令，调整饱和度为–35，明度为+15，如图11–73所示。

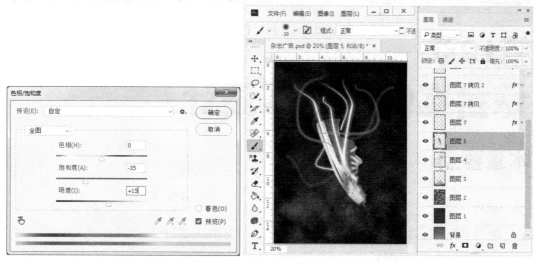

图11–73　调整鞋子的色相/饱和度

19 添加文字，使文字图层为最上层，完成效果如图11–74所示。

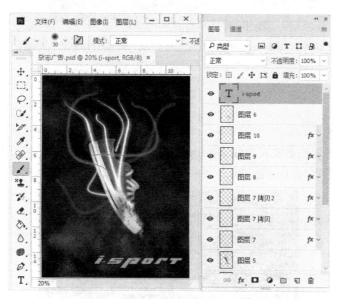

图11–74　添加文字后的最终效果

Chapter 12

第12章
综合实例：网页设计

本章要点

- 按钮设计
- 网站头部设计
- 高雅时尚的网页设计

本章导读

网站的普及是促使更多人需要掌握Photoshop的一个重要原因，因为在制作网页时，Photoshop是必不可少的效果图制作软件和特效制作软件。

12.1 按钮设计

网站的导航条和表单等地方大部分都是由一个一个的按钮组成的,设计良好的按钮可以让一个网站的整体视觉变得迥然不同。

在本例中,我们会学习在Photoshop中创建时尚、干净和闪亮的按钮。这种方法非常简单,但非常有效。

12.1.1 案例展示

本例最终效果如图12-1所示。

12.1.2 思路分析

1. 利用形状工具组创建按钮。
2. 运用图层样式来添加效果。
3. 创建一个单独的高光层。

图12-1 案例展示

12.1.3 实现步骤

1. 新建一个文件,尺寸为640像素×480像素。
2. 一个好的背景才能衬托出一个按钮的效果。选择"渐变工具",对文件填充一个#444444到黑色的径向渐变,如图12-2所示。

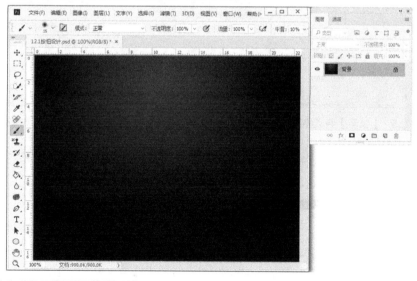

图12-2 填充背景

3. 选择"圆角矩形工具",在工具选项栏上进行参数设置,如图12-3所示。

图12-3 设置"圆角矩形工具"的参数

4. 在画布中心绘制一个圆角矩形,如图12-4所示。

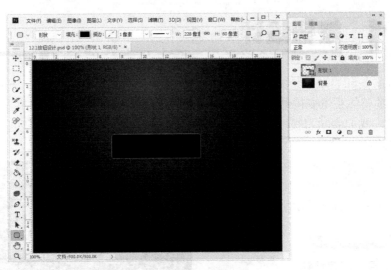

图12-4 绘制圆角矩形

5 对这个形状图层添加【投影】样式，参数设置如图12-5所示；【内阴影】样式参数设置如图12-6所示；【渐变叠加】样式参数设置如图12-7所示。

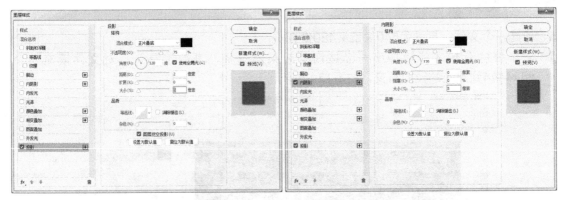

图12-5 【投影】样式参数设置　　　　图12-6 【内阴影】样式参数设置

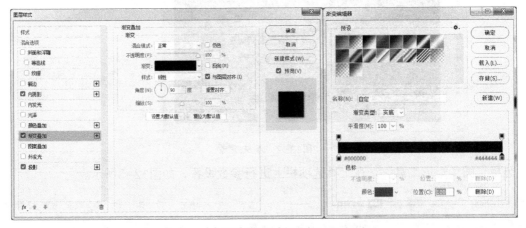

图12-7 【渐变叠加】样式参数设置

6 设置完成后,将得到如图12-8所示的效果。

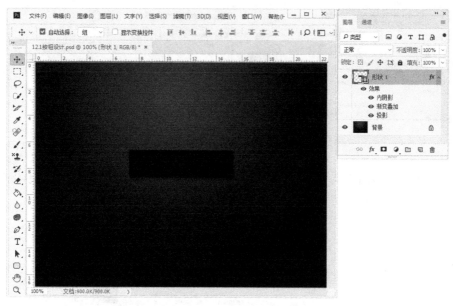

图12-8 添加样式后的效果

7 按住【Ctrl】键单击【形状1】图层,载入选区,创建【图层1】,并用一个较软的画笔在选区内单击,创建一个白色的光效果,如图12-9所示。

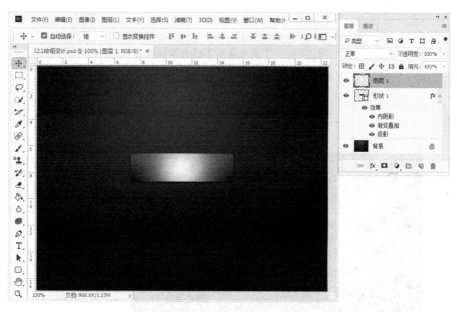

图12-9 创建白光效果

8 取消选区,对【图层1】添加样式,【投影】样式参数设置如图12-10所示;【斜面和浮雕】样式参数设置如图12-11所示;【渐变叠加】样式参数设置如图12-12所示。

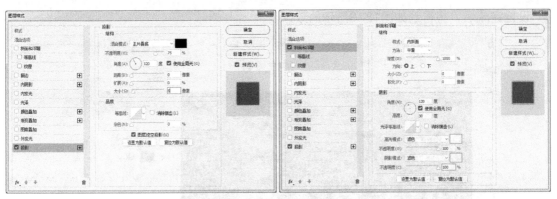

图12-10 【投影】样式参数设置　　　　图12-11 【斜面和浮雕】样式参数设置

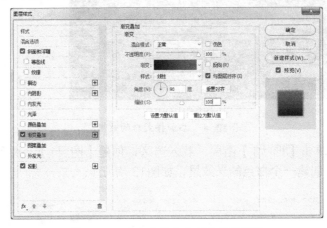

图12-12 【渐变叠加】样式参数设置

9　得到如图12-13所示的效果。

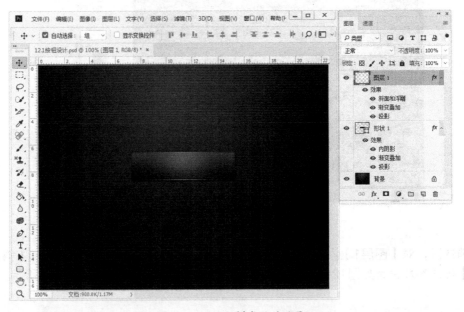

图12-13 添加样式后的效果

10 按下【Ctrl+J】组合键，复制【图层1】，得到【图层1拷贝】，这样的光照效果更明显，如图12-14所示。

图12-14 复制图层

11 按住【Ctrl】键单击【形状1】图层，载入选区，然后选择"椭圆选框工具"，通过工具选项栏选择减选，得到一个如图12-15所示的选区。

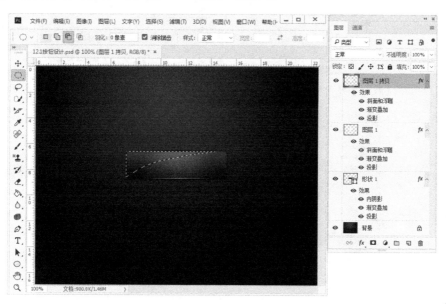

图12-15 建立选区

12 下面添加高光层。创建【图层2】，填充为白色，并将【图层2】的不透明度设置为15%，取消选区，将得到如图12-16所示的效果。

13 添加文字，并对文字图层添加样式，【投影】样式参数设置如图12-17所示；【斜面和浮雕】样式参数设置如图12-18所示；【渐变叠加】样式参数设置如图12-19所示。

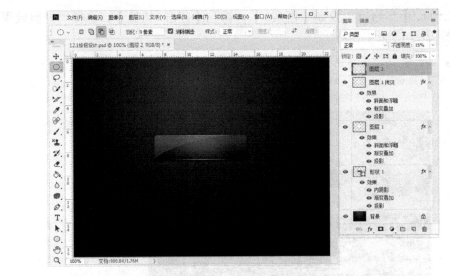

图12-16 完成高光层的添加

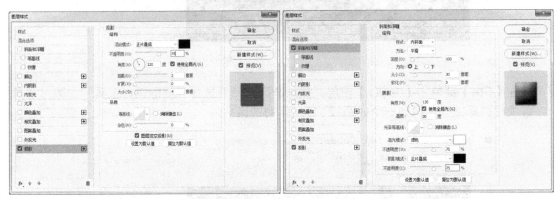

图12-17 【投影】样式参数设置　　　　图12-18 【斜面和浮雕】样式参数设置

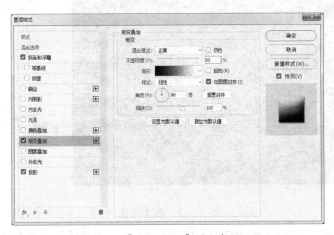

图12-19 【渐变叠加】样式参数设置

14 图像最终效果及【图层】面板效果，如图12-20所示。

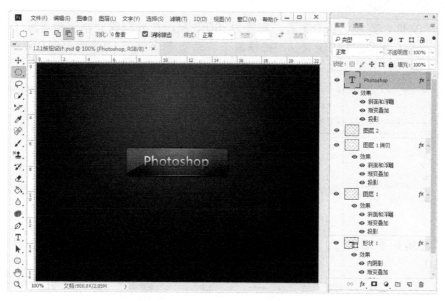

图12-20　最终效果及【图层】面板效果

 按钮设计主要是图层样式和高光的应用，可以充分发挥我们的想象力，设计出需要的漂亮按钮。

12.2 网站头部设计

网站的头部一般由网站名称和导航栏组成。在本例中，我们将学习如何设计一个网站的头部及设计的流程。

12.2.1 案例展示

本例最终效果如图12-21所示。

图12-21　案例展示

12.2.2 思路分析

1 所有的形状都是用圆角矩形进行绘制的。
2 通过对形状添加样式，然后再加上一层"高光"，实现特殊效果。

12.2.3 实现步骤

1. 新建一个文件，宽度为960像素，高度为200像素，并分别建立水平参考线（10像素、50像素、140像素、180像素、190像素）和垂直参考线（10像素、950像素），如图12-22所示。

图12-22 新建文件和参考线

2. 选择"圆角矩形工具"，在工具选项栏上设置如图12-23所示的参数，其颜色值为#609590。

图12-23 设置圆角矩形参数

3. 绘制一个和画布一样大小的圆角矩形，如图12-24所示。

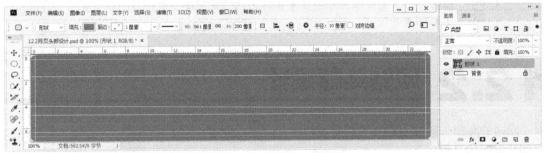

图12-24 绘制圆角矩形

4. 对【形状1】图层添加【斜面和浮雕】样式，参数如图12-25所示。

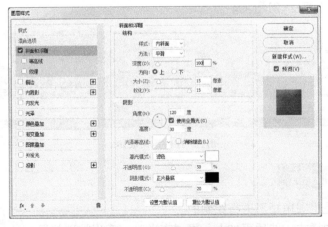

图12-25 添加【斜面和浮雕】样式

第12章 综合实例：网页设计

5 继续使用"圆角矩形工具"，绘制如图12-26所示的白色圆角矩形，得到【形状2】图层。

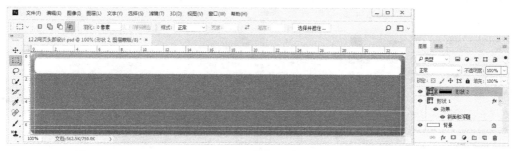

图12-26 绘制"形状2"

6 对【形状2】图层添加蒙版，并使用白色到黑色的线性渐变对蒙版进行渐变填充，如图12-27所示。

图12-27 对【形状2】图层的蒙版填充黑白渐变

7 设置【形状2】图层的不透明度为60%，将得到如图12-28所示的效果。

图12-28 设置透明效果

8 继续使用"圆角矩形工具"，绘制如图12-29所示的圆角矩形，得到【形状3】图层，其颜色为#eaeaea。

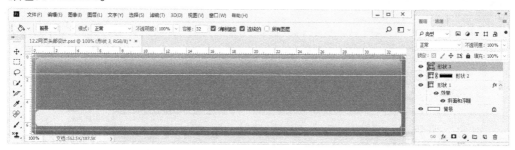

图12-29 创建"形状3"

9 为【形状3】图层添加样式,【投影】样式参数设置如图12-30所示;【斜面和浮雕】样式参数设置如图12-31所示。我们将得到如图12-32所示的效果。

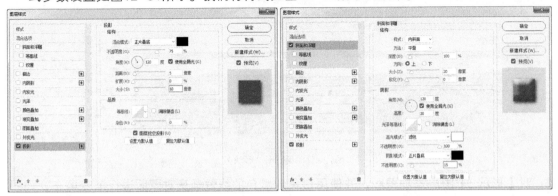

图12-30 【投影】样式参数设置　　　　图12-31 【斜面和浮雕】样式参数设置

图12-32 添加样式后的效果

10 绘制白色圆角矩形,得到【形状4】图层,如图12-33所示。

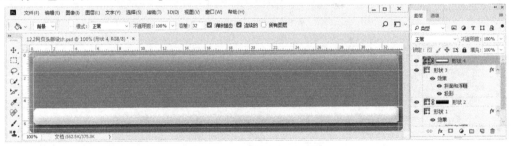

图12-33 绘制白色圆角矩形

11 为【形状4】图层添加蒙版,并填充渐变颜色,然后设置不透明度,步骤和第6步一样。得到如图12-34所示的高光效果。

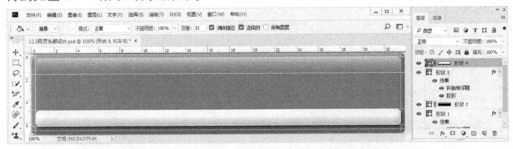

图12-34 高光效果

12 添加文字，并设置相应的文字属性，完成最终效果，如图12-35所示。

图12-35　添加文字后的最终效果

12.3 高雅时尚的网页设计

一个优雅的设计最可能符合客户对某种类型站点的需求，这一切取决于网页是否具有良好的版面、结构化的布局及有视觉吸引力的背景。真正的设计力量取决于用简洁的设计向客户展现绝佳的效果。本例将带领读者使用Photoshop CC 2018来完成一个高雅时尚的网页设计。

12.3.1 案例展示

本例的最终效果如图12-36所示。

12.3.2 思路分析

这个效果图具有非常强烈的视觉冲击力，如何能够做到这点呢？在本次设计中所用到的几点原则如下。

1 选择几张很炫酷的背景图片，虽然很好看，但是不会喧宾夺主，它们也很容易淡出。一般容易淡化的图片更容易处理。

2 好图片一定要搭配简洁的字体排版，因为图片已经很可爱了，就没有必要过分强调字体，一定要清爽明了、井井有条。

3 作品要具备的另一个因素就是要有足够的空间。在复杂背景下，很容易觉得画面一团糟，所以在元素之间、方框以内等地方要保持足够的空间。宽裕的空间也是让设计看起来更为高档的好方法，没人喜欢乱七八糟的设计。

图12-36　高雅时尚的网页设计效果图

4 当然还有很多其他方面可以谈，例如颜色、优先级等，但是笔者认为这里需要关注的主要设计元素还是字体和背景的搭配。

12.3.3 实现步骤

1. 新建一个Photoshop文件。在弹出的【新建文档】对话框中设置画布的宽度为1100像素，高度为1100像素，如图12-37所示。
2. 现在我们先创建一个美观抽象的背景，使用从#1b204c到#472373的两种颜色按照线性渐变绘制背景，如图12-38所示。

图12-37 【新建文档】对话框

图12-38 绘制渐变色背景

3. 打开Photoshop的【图层】面板，新建4个图层组，由下到上依次命名为"背景""页眉""内容"和"页脚"，如图12-39所示。这样做的目的是为了把不同的内容分别存放，便于以后的修改和维护。
4. 在【背景】组中添加一个漂亮的绿色水彩背景，按下【Ctrl+I】组合键将图片反相，会在黑色底的背景上呈现漂亮的粉紫色，如图12-40所示。

图12-39 建立新的图层组

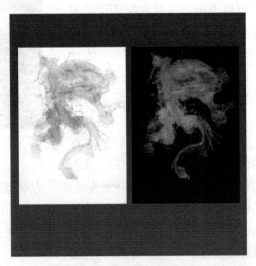

图12-40 添加水彩背景

5 选择水彩图片所在图层,按下【Ctrl+T】组合键,将其调整到适当大小。这里我们要将右边填充为黑色(以方便后面编辑HTML代码):选取一个自然的笔刷,选用黑色擦去底部和竖直方向超出的地方,这样这层就覆盖在整个画布上了,如图12-41所示。

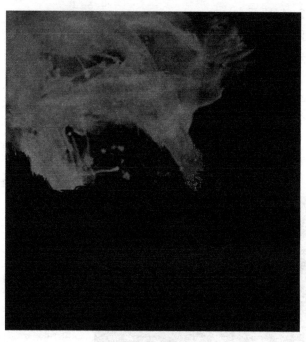

图12-41 擦去多余部分

6 将图层的不透明度设置为70%(左右),将混合模式设置为【叠加】模式,图面显得更加美观,如图12-42所示。

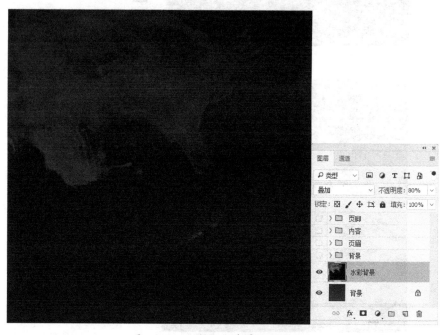

图12-42 调整水彩背景的不透明度

7. 在图层之上再新建一个图层,然后从下至上填充图像,达到从黑色到透明的线性渐变效果,这样基本上整个画布就褪化为黑色了,如图12-43和图12-44所示。

8. 高亮设置:新建图层,分别绘制一大一小的由白色到透明的径向渐变区域,将最内圈和最外圈的填充值分别设置为100%和40%,如图12-45、图12-46和图12-47所示,然后为两个图层建立剪贴蒙版。

图12-43 设置线性渐变效果

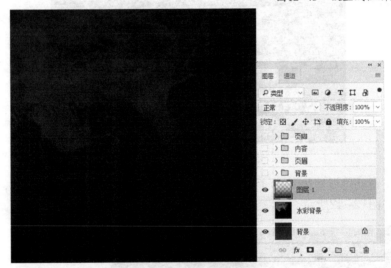

图12-44 线性渐变效果

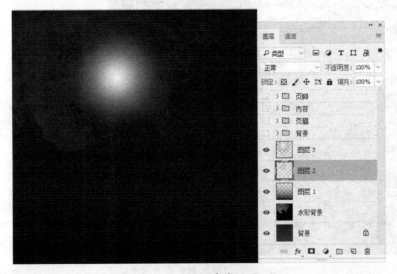

图12-45 内圈高亮设置

第12章 综合实例：网页设计

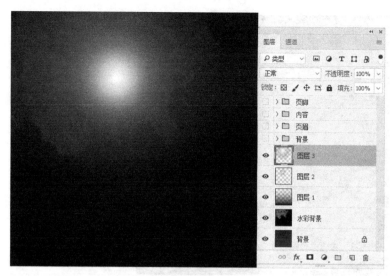

图12-46　外圈高亮设置

图12-47　建立剪贴蒙版

9. 新建一个图层，制作从#caaee2到#ff0119的粉色线性渐变效果，打开颜色编辑器，把颜色中点滑块移到20％处，如图12-48所示。背景到此就绘制好了，效果如图12-49所示。

10. 现在开始创建【页眉】组，放一些文字作为图标。设置字体为Californian FB粗体，调整到合适的字号，键入"psd vs net"。这里要让"vs"抬起来一些，可以在【字符】面板里调整基线位置，把字体属性设为常规，如图12-50和图12-51所示。

图12-48　设置粉色线性渐变效果

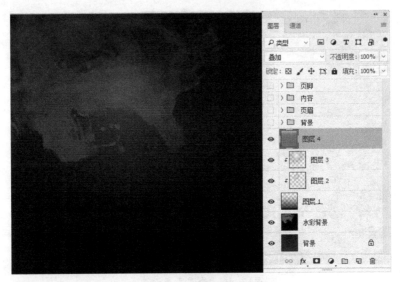

图12-49 粉色线性渐变效果

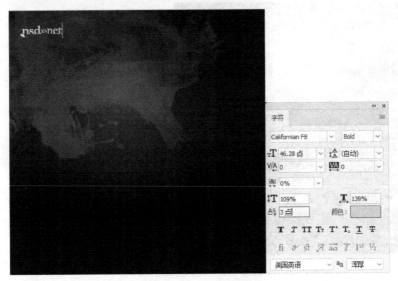

图12-50 大标题字体

11 最后还要给文字加上一些渐变色进行叠加，同时添加1像素的内部白光。打开文本的【图层样式】对话框进行设置，给文字添加内发光和渐变叠加效果，如图12-52和图12-53所示。

12 打开标尺（按【Ctrl+R】组合键），新建参考线。在50像素、310像素、560像素、880像素处分别绘制4条垂直参考线将页面划分为3栏，在900像素处建立水平参考线，如图12-54所示。

13 保持标尺和参考线的显示状态，新建图层并绘制第1个黑色方框，将不透明度设置为80%，再将图层混合模式设置为【叠加】模式。右击图层，在弹出的快捷菜单中选择【混合选项】命令，在弹出的对话框中选择【描边】选项，然后在外边加1像素的白色边框，设置为【柔光】模式。这样边界看起来更酷，黑色盒子看起来更醒目，如图12-55所示。

第12章 综合实例:网页设计

图12-51 为"vs"设置样式

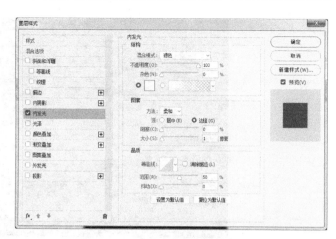

图12-52 【内发光】样式参数设置

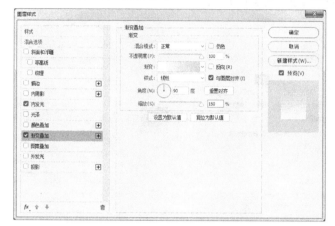

图12-53 【渐变叠加】样式参数设置

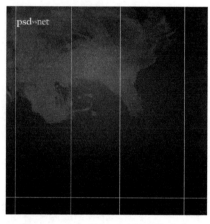

图12-54 打开标尺并创建参考线

14 复制方框所在图层(【Ctrl+J】组合键),按【Ctrl+T】组合键调整方框大小,保持宽度不变,高度变长,将图层往下移动一层,这就是网页的导航栏。将该图层的不透明度设置为40%,【填充】设置为50%。这样整个矩形框看起来更淡,主次分明,效果如图12-56所示。

15 现在加上一些文字,大标题使用Californian FB 46px常规字体(在最终的HTML代码中这里是一幅图片),菜单栏使用Arial Narrow 12px字体(这里将是HTML文字链接)。

图12-55 【描边】样式参数设置

16 给大标题字体加上混合效果,增加一些亮光,这样看起来更酷。打开【图层样式】对话框,给字体添加一个从黑到白的线性渐变效果,并将其模式设置为【叠加】模式,如图12-57和图12-58所示。

图12-56 设置黑色方框的效果

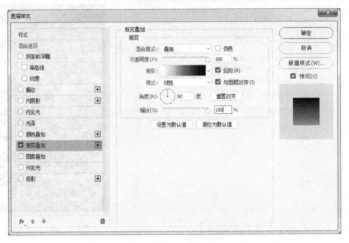

图12-57 设置标题样式

17 现在我们再画一个大黑框作为内容区。复制【图层6】，按【Ctrl+T】组合键调整方框大小，保持宽度不变，底部与900像素处的水平参考线平齐，效果如图12-59所示。

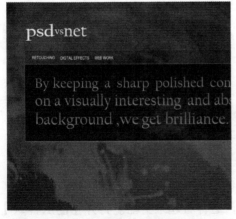

图12-58 标题样式的效果

图12-59 绘制矩形内容区

第12章 综合实例：网页设计

18 现在我们在内容区里加一些文字和图片内容。标题使用Bell MT字体，内容使用Arial字体，复制前面大标题文字图层的样式，粘贴在内容区域的标题图层上，如图12-60所示。

图12-60　添加内容

19 最后是页脚部分，新建一个图层，用颜色#12090A填充，添加一条1像素的边界，描边颜色为#3b2025，如图12-61所示。

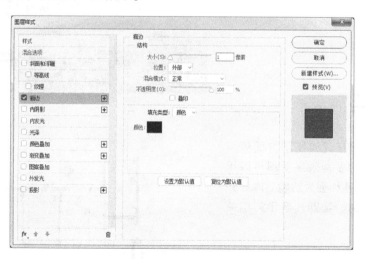

图12-61　添加图层样式

20 页脚效果如图12-62所示。整个页面的效果也就出来了。

图12-62　页脚效果

Chapter 13

第13章
综合实例：建筑制图后期表现

本章要点

- 制作彩色户型图
- 室外后期效果处理

本章导读

Photoshop在建筑制图方面应用较广，室内外的多种效果图都可以用上Photoshop的各种强大功能。本章介绍两个实际案例，帮助读者了解相关的知识。

13.1 制作彩色户型图

户型图是房地产开发商做营销的一种方式，向购房者展示户型结构的一种手段。随着房地产的快速发展，用户对户型的要求越来越高，用户通过看户型图能够一目了然地知道自己购买的户型与材质模块是什么样的情况。接下来就带着大家一起认识户型彩图的整个制作流程。

13.1.1 将CAD文件转换成EPS文件

室内户型图通常是在AutoCAD软件中制作的，要想在Photoshop中进行处理，首先需要将CAD图像文件转换为EPS格式。

1 打开本书配套文件夹中的"户型图（2007版）.dwg"CAD文件，如图13-1所示。

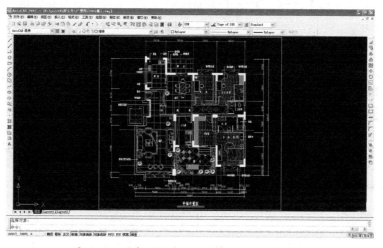

图13-1　"户型图（2007版）.dwg"CAD文件

2 在AutoCAD 2007中执行【文件】→【绘图仪管理器】命令，打开"Plotters"文件夹窗口，如图13-2所示为绘图配置文件夹。

图13-2　绘图配置文件夹

3 双击【添加绘图仪向导】按钮，弹出【添加绘图仪-简介】对话框，如图13-3所示。
4 单击【下一步】按钮，弹出【添加绘图仪-开始】对话框，具体参数设置如图13-4所示。

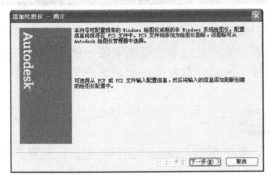
图13-3 【添加绘图仪-简介】对话框

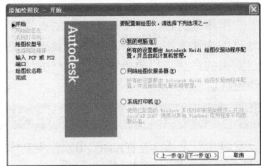
图13-4 【添加绘图仪-开始】对话框

5 设置后单击【下一步】按钮，弹出【添加绘图仪-绘图仪型号】对话框，具体选择参数如图13-5所示。
6 设置后单击【下一步】按钮，弹出【添加绘图仪-输入PCP或PC2】对话框，如图13-6所示。

图13-5 【添加绘图仪-绘图仪型号】对话框

图13-6 【添加绘图仪-输入PCP或PC2】对话框

7 设置后单击【下一步】按钮，弹出【添加绘图仪-端口】对话框，选中【打印到文件】单选按钮，具体参数如图13-7所示。
8 设置后单击【下一步】按钮，弹出【添加绘图仪-绘图仪名称】对话框，在绘图仪名称下面输入用户自定义的名称，如图13-8所示。

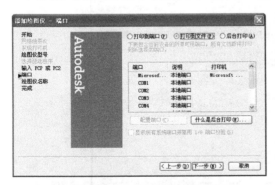
图13-7 【添加绘图仪-端口】对话框

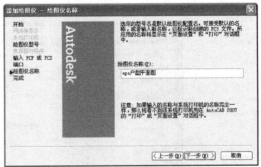
图13-8 【添加绘图仪-绘图仪名称】对话框

9. 设置后单击【下一步】按钮，进入添加绘图仪向导的最后一步，【添加绘图仪-完成】对话框如图13-9所示。

10. 单击【完成】按钮后，刚添加的绘图仪会显示在"Plotters"文件夹窗口中，效果如图13-10所示。若有必要进行修改，还可以双击刚生成的文件重新配置。双击后弹出的对话框如图13-11所示。

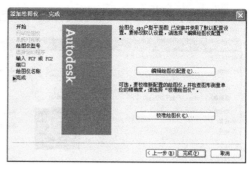

图13-9 【添加绘图仪-完成】对话框

11. 配置完绘图仪后，接下来设置打印样式表。执行【文件】→【页面设置管理器】命令，弹出【页面设置管理器】对话框，如图13-12所示。

图13-10 生成的绘图仪　　　　　　　　　图13-11 【绘图仪配置编辑器】对话框

12. 在弹出的对话框中单击【新建】按钮，在弹出的【新建页面设置】对话框中设置新页面的名称，具体设置如图13-13所示。

图13-12 【页面设置管理器】对话框　　　　图13-13 【新建页面设置】对话框

13. 设置完成后单击【确定】按钮，弹出【页面设置】对话框，设置打印样式表及打印设备和打印图纸区域，具体参数如图13-14所示。

14. 设置完参数后，单击【打印样式表（笔指定）】栏中的按钮，在弹出的【打印样式表

295

编辑器】对话框中可以设置打印的颜色与线宽等参数，如图13-15所示。

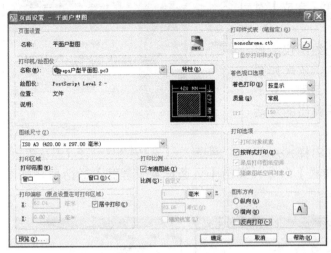
图13-14 【页面设置】对话框

图13-15 【打印样式表编辑器】对话框

15 设置完成后，单击【保存并关闭】按钮，返回如图13-13所示的对话框，然后单击【窗口】按钮，在AutoCAD 2007文件里面指定要打印的区域，如图13-16所示。

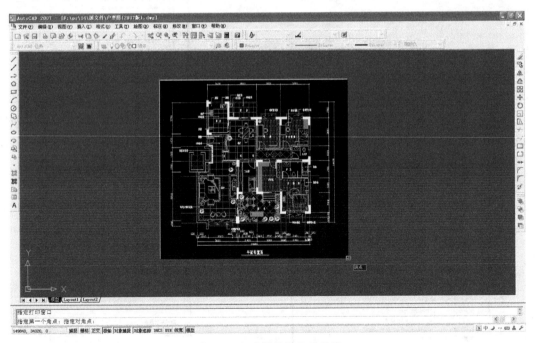
图13-16 选择要打印的区域

16 选择好窗口后，单击【确定】按钮完成页面设置。单击图层【应用的过滤器】下拉列表框，弹出下拉列表后，单击不需要显示的图层前面的开/关按钮。将图层临时关闭，得到的效果如图13-17所示。

17 设置完成后，执行【文件】→【打印】命令，弹出如图13-18所示的【打印】对话框，【名称】下拉列表框中显示了刚定义的名称。

第13章 综合实例：建筑制图后期表现

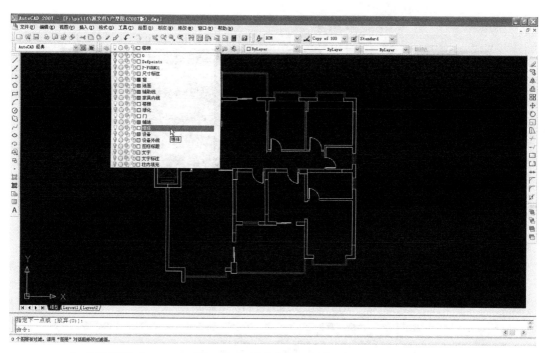

图13-17 设置墙体图层的显示

18 设置完成后，单击【确定】按钮，弹出如图13-19所示的【浏览打印文件】对话框，设置好名称，将文件类型设置为【封装S（*.eps）】选项，然后单击【保存】按钮。

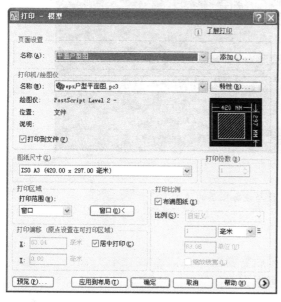

图13-18 【打印】对话框

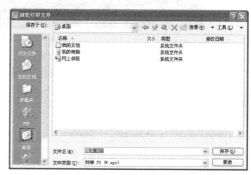

图13-19 【浏览打印文件】对话框

19 与第16步骤的操作方法类似，选择指定的显示图层，得到的效果如图13-20所示。

20 重复步骤17和步骤18，将图纸打印并保存。

21 再设置显示的图层，如图13-21所示。

297

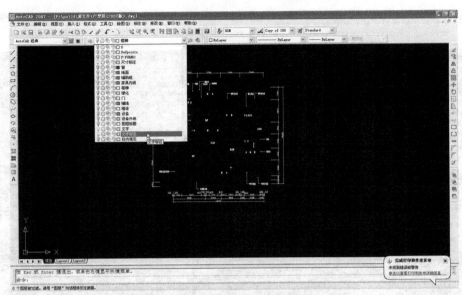

图13-20 设置尺寸图层的显示

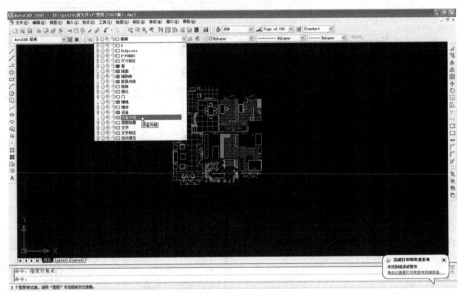

图13-21 地面铺设与设备图层的显示

13.1.2 合并EPS文件

　　EPS文件是矢量图形,通过Photoshop打开后需要栅格化,成为位图图像。图像的大小与分辨率可根据实际情况灵活控制。

1. 启动Photoshop,执行【文件】→【打开】命令,在打开的对话框中选择本书配套文件夹中的"墙体.eps"文件,然后单击【打开】按钮。
2. 弹出【栅格化EPS格式】对话框,具体参数设置如图13-22所示。

图13-22 【栅格化EPS格式】对话框

第13章 综合实例：建筑制图后期表现

3 设置完成后，单击【确定】按钮，得到如图13-23所示的背景透明的位图图像。

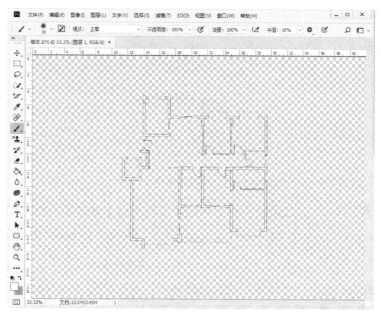

图13-23 背景透明的位图图像

 如果将AutoCAD文件打印输出成为jpg、tif或bmp格式的文件，会有一个白色背景，如果此时再用Photoshop处理，还要将白色部分抠选出来。

4 按【Ctrl】键单击【图层】面板底部的【创建新图层】按钮，在【图层1】的下方新建一个【图层2】并将其填充为白色，如图13-24所示。

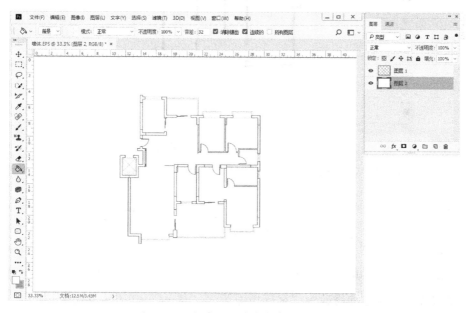

图13-24 新建图层并将其填充为白色

5 将【图层1】的名称修改成"墙体线",并在上方再新建图层,将其名称修改为"墙体",如图13-25所示。

图13-25 新建【墙体】图层

6 选择"油漆桶工具",在工具选项栏上勾选【所有图层】复选框,如图13-26所示。

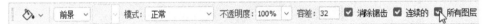

图13-26 "油漆桶工具"的工具选项栏

7 将前景色设置为黑色后,在墙体空白区域内单击,效果如图13-27所示。

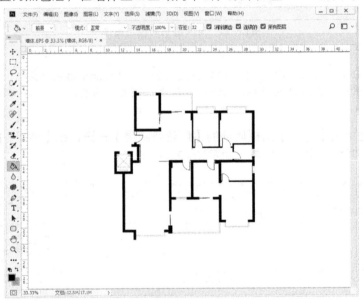

图13-27 填充墙体颜色的效果

8 新建图层,并将图层名称修改为"窗户",如图13-28所示。

9 选择【窗户】图层,设置前景色为蓝色后,使用"油漆桶工具"填充窗户(将文件保存为.psd格式的文件,并将文件名修改为13.1制作彩图户型图),效果如图13-29所示。

10 新建图层并将图层名称修改为"客厅地面",效果如图13-30所示。

图13-28 新建图层并将其命名为"窗户"

第13章 综合实例：建筑制图后期表现

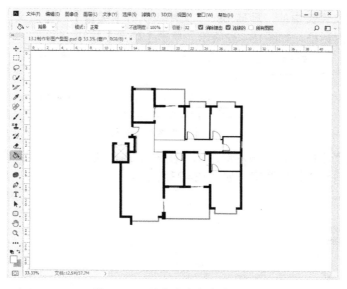

图13-29 填充窗户颜色的效果

图13-30 新建图层并将其命名为"客厅地面"

▮▮绘制客厅区域，对要填充的区域使用"油漆桶工具"将其填充为浅黄色，如图13-31所示。

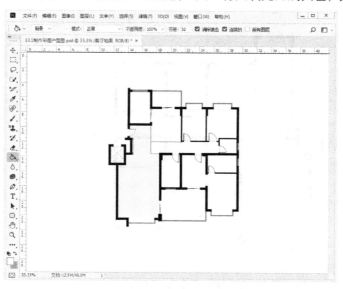

图13-31 填充客厅地面颜色的效果

12 打开配套素材文件夹中的"地砖.psd"文件，执行【编辑】→【定义图案】命令，弹出【图案名称】对话框，如图13-32所示。单击【确定】按钮。

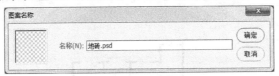

图13-32 【图案名称】对话框

13 选择【客厅地面】图层，为该图层添加【图案叠加】图层样式，在弹出的【图层样式】对话框中选择自定义好的图案，如图13-33所示。

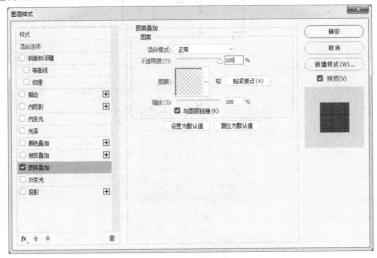

图13-33 【图层样式】对话框

14 设置完成后，单击【确定】按钮，得到的效果如图13-34所示。

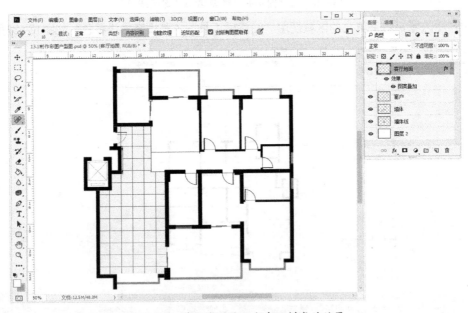

图13-34 填充客厅地面颜色及样式的效果

15 绘制餐厅区域，并将餐厅区域填充为浅黄色，然后添加与【客厅地面】图层相同的样式，如图13-35所示。

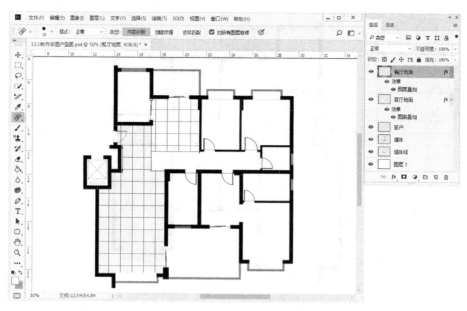

图13-35　填充餐厅地面颜色及样式的效果

16 设置过道的填充效果。打开素材文件"过道.jpg"，并对其定义图案。设置效果如图13-36所示。

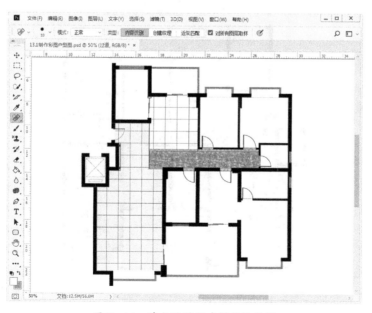

图13-36　填充过道新建样式的效果

17 分别设置其他几个房间的填充效果，效果如图13-37所示。
18 新建【家具】组，添加各个家具图层，并在图中适当的位置摆放家具，效果如图13-38所示。

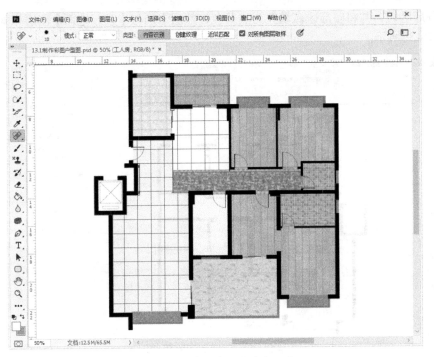

图13-37 其他房间的填充效果

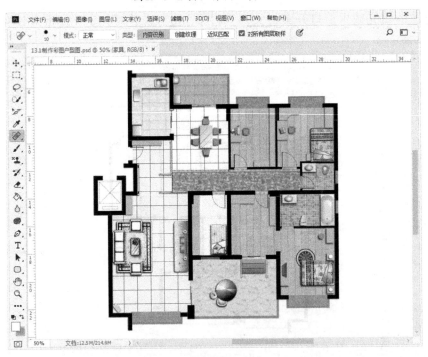

图13-38 摆放家具的效果

19 打开"源文件"文件夹中的素材文件"设备.eps",并将其中的内容按住【Shift】键拖动到"13.1制作彩图户型图"文件内,将图层名改成"设备",并将不需要的内容隐藏,如图13-39所示。

第13章　综合实例：建筑制图后期表现

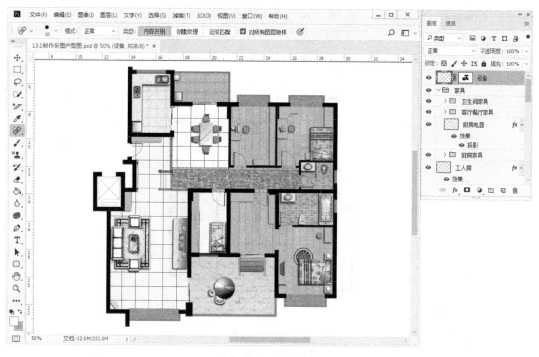

图13-39　添加设备

20 新建【绿化】图层，将植物添加到该图层内，效果如图13-40所示。

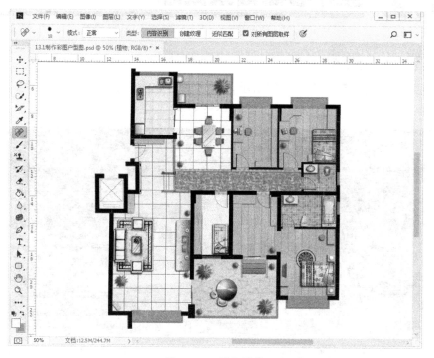

图13-40　添加植物

21 打开素材文件"标注.eps"，并将其拖放到"13.1制作彩图户型图"文件中，如图13-41所示。

305

图13-41 添加标注

13.2 室外后期效果处理

13.2.1 案例展示

本例渲染之前的效果如图13-42所示,通过后期处理得到的出入口效果如图13-43所示。

图13-42 处理前的效果

第13章 综合实例：建筑制图后期表现

图13-43　最终效果

13.2.2　思路分析

1. 调整渲染的原图。
2. 添加素材。
3. 调整整体颜色。

13.2.3　实现步骤

1. 打开本书配套素材文件夹中的"出入口通道.tga"文件，如图13-44所示。
2. 选择"移动工具"，在【通道】面板中按【Ctrl】键并单击【Alpha 1】通道，载入通道选区，如图13-45所示。

图13-44　通道效果

图13-45　载入通道选区

3. 打开"出入口.tga"文件，选择"移动工具"，按住【Shift】键将刚选出的通道拖放到当前文件中，如图13-46所示。
4. 按【Ctrl】键单击文件中的【图层1】载入选区后，选中【背景】图层，按【Ctrl+J】组合键分离背景，调整图层位置，效果如图13-47所示。
5. 添加天空素材，打开素材文件"天空.jpg"，按【Ctrl+T】组合键自由变换，并放置到"出入口.tga"图像中合适的位置。更改图层的名称，效果如图13-48所示。

307

图13-46 【图层】面板效果　　　　　图13-47 抠选背景效果

图13-48 添加背景效果

6. 对添加好的效果制作一定的润色效果，得到的效果如图13-49所示。将文件保存为.psd格式文件。

图13-49 图像润色效果

7. 添加远景建筑效果，制作近大远小、近实远虚的真实感。打开"建筑效果.jpg"素材文件，将其拖放到"出入口.psd"文件中。通过变换得到的效果如图13-50所示。

8 打开素材文件"树林01.psd"和"树林02.psd",如图13-51所示。

图13-50 添加远景建筑效果

图13-51 树木效果

9 将素材文件通过【自由变换】命令放在适合的位置,如图13-52所示。

图13-52 添加树木效果

10 打开素材文件"草地.jpg",如图13-53所示,选择"移动工具"将其拖放到"出入口.psd"文件中。

图13-53 草地素材

11 显示【通道】面板,选择"魔棒工具",在工具选项栏中取消勾选"连续"复选框,单击【通道】面板的【绿】通道,将通道中所有绿色区域选中后,单击【添加模板】按钮,得到的效果如图13-54所示。

图13-54 添加草皮效果

12 添加草皮上的树木与灌木效果，得到的效果如图13-55所示。

13 打开素材文件"绿篱笆.psd"，对其颜色进行润色后的效果如图13-56所示。

图13-55 添加树木与灌木效果

图13-56 对绿篱笆润色后的效果

14 将其拖放到"出入口.psd"文件中，对其变换后的效果如图13-57所示。

图13-57 添加篱笆效果

15 给出入口的门顶上方添加渐变效果，并将图层混合模式设置为【正片叠底】模式，得到的效果如图13-58所示。

图13-58 对门顶上方添加渐变效果

反侵权盗版声明

电子工业出版社依法对本作品享有专有出版权。任何未经权利人书面许可，复制、销售或通过信息网络传播本作品的行为；歪曲、篡改、剽窃本作品的行为，均违反《中华人民共和国著作权法》，其行为人应承担相应的民事责任和行政责任，构成犯罪的，将被依法追究刑事责任。

为了维护市场秩序，保护权利人的合法权益，我社将依法查处和打击侵权盗版的单位和个人。欢迎社会各界人士积极举报侵权盗版行为，本社将奖励举报有功人员，并保证举报人的信息不被泄露。

举报电话：(010)88254396；(010)88258888
传　　真：(010)88254397
E - mail ：dbqq@phei.com.cn
通信地址：北京市万寿路 173 信箱
　　　　　电子工业出版社总编办公室
邮　　编：100036

【读者服务】

微信扫码回复：33749

- 获取博文视点学院20元付费内容抵扣券
- 获取本书配套素材、赠送视频等资源
- 获取更多技术专家分享视频与学习资源
- 加入读者交流群，与本书读者互动